尚锦美食生活馆

四季纯天然手工果酱

铃木雅慧◎著

具金月◎译

中国纺织出版社

图书在版编目（CIP）数据

四季纯天然手工果酱 /（日）铃木雅惠著；具金月
译.—北京：中国纺织出版社，2017.1
（尚锦美食生活馆）
ISBN 978 - 7 - 5180 - 3047 - 7

I.①四… II.①铃… ②具… III.①果酱 - 制作
IV.①TS255.43

中国版本图书馆CIP数据核字（2016）第252339号

KISETSU NO KUDAMONO DE TSUKURU JAM TO RECIPE NO HON
© Masae Suzuki 2013
Originally published in Japan in 2013 Seibundo Shinkosha Publishing Co.,
Ltd., TOKYO,
Chinese (Simplified Character only) translation rights arranged with
Seibundo Shinkosha Publishing Co., Ltd., TOKYO,
through TOHAN CORPORATION,TOKYO, and ShinWon Agency
Co,Beijing Representative Office, Beijing

著作权合同登记号：图字：01-2014-2446

责任编辑：范琳娜 责任印制：王艳丽
装帧设计：水长流文化

中国纺织出版社出版发行
地址：北京市朝阳区百子湾东里A407号楼 邮政编码：100124
销售电话：010—87155894 传真：010—87155801
http: // www.c-textilep.com
E-mail: faxing@c-textilep.com
中国纺织出版社天猫旗舰店
官方微博http: // weibo.com/2119887771
天津光明印务有限公司印刷 各地新华书店经销
2017年1月第1版第1次印刷
开本：787 × 1092 1/16 印张：15
字数：98千字 定价：48.00元

前　言

　　果酱最初是以野生或种植的水果为原料，制作成的可保存的食物。为了吃到美味的果酱，人们花了好多工夫，将季节的美味尽情呈现出来。

　　现在我们可以买到从国产到进口的各种各样的果酱，有机会品尝异国风味。

　　但是，如果我们自制果酱，就可以根据自己的口味来调整。最时令的水果，有着特别的香气、色泽和味道。制作过程通过鼻子、眼睛和舌头边感知边烹饪，会感觉果酱更加的美味。自家制作，可以调整甜度、种类、蒸煮的程度，因为任何一点细微差别，味道都会大有不同。

　　本书意在向大家介绍如何自制美味果酱。每个水果的甜度与香气都不一样。在制作果酱之前，请务必先尝一块，想象一下它会成为什么味道的果酱，以"想要做出的味道"为目标，让我们开始吧。

目录

春季的果酱

温暖的春天,
非常适合制作入门级果酱

草莓

保存的重点——装瓶

柑橘类

适合与果酱同食的点心①

夏季的果酱

香气四溢的李子,
还有各种汁液饱满的诱人水果

桃子

梅子

李子

西梅（洋李子）

樱桃

浆果类

果酱与面包藕断丝连的关系

秋季的果酱
让我们跟着季节的脚步，
品尝秋季的累累硕果吧

果酱有很多种类

果酱的定义

根据国际食品规格的定义，糖度在65%以上，有一定黏度的产品，才称为"酱"。

我们自己制作果酱的时候不需要在意这样的定义。从有黏稠感的"真正的果酱"，到包含水果块的"原味果酱"等，都可以一一尝试。

希望您能够以此书为基础，制作出自己喜欢的独创的果酱。

味道由甜度来决定

果酱的糖度

糖度，是由水果本身所带的甜味加上砂糖最终得到的甜度。糖度以"度"为单位来表示。这个糖度，除了砂糖之外，还包含水果本身的糖分。一般分为"低糖度"、"中糖度"、"高糖度"3种。"低糖度"是指40度以上，未满55度的。"中糖度"是指55度以上，未满65度的。"高糖度"是指65度以上的。

本书中，为了有效地利用水果的风味，对糖度也进行了从低到高的区分，控制砂糖的量，并让做出的果酱能够很快吃完。另外，还要控制蒸煮的时间，保证色香味俱全，所以保质期不会很长。因此，要尽快吃完。

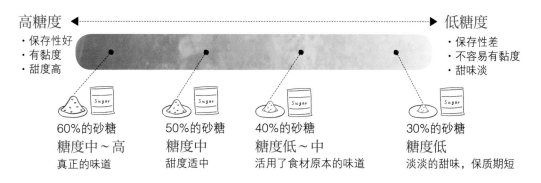

想要做什么样的果酱？

砂糖的分量

基本上，砂糖的分量与水果的使用量成比例。例如，水果的重量是100克，使用的砂糖量是40克，也就是说砂糖使用量是水果使用量的40%。糖度与水果本身的甜度和熬制时水分蒸发有关系，但是如果砂糖使用量是水果使用量的40%，那么这个果酱的糖度会在40~60度的样子。这种甜度是我们所说的低糖度与中糖度。

当然，不放这么多的砂糖也可以做果酱，但是放入的砂糖越少，它的保存性也就越差。如果是30%的砂糖量，放入带拉链的密封袋冷藏，也可以保存很长时间。

果酱的平衡非常重要

果酱的组成

往苹果等水果里加入砂糖和柠檬汁来熬，就会制作出有黏稠感的果酱。这并不是因为砂糖变成了饴糖，而是在水果里的被称作"果胶"的碳水化合物与糖和酸反应而形成的物质。

为了让果酱更好吃，黏度非常重要。虽然我们多放点砂糖，然后熬制更长的时间，会产生黏性，但是甜味会变化，水果的颜色跟香味都会消失。

为了果胶、酸和糖结合后能产生适度的黏性，比例一定要掌握好。一般来讲，果胶要占整体的0.5%~1%，酸的比例是0.5%左右，糖是60%左右，这样的比例是最适宜的。如果这个平衡打破了，就无法做到黏度刚好的果酱。控制好砂糖、柠檬汁、市场上卖的果胶的量，就可以制作出美味的果酱了。

水果

制作果酱时绝对少不了含有果胶、酸、糖这3种成分的水果，这些是果酱的主要成分。但这些成分，在不同的水果不同的品种里比例是不一样的，所以制作果酱的时候会用到砂糖、柠檬汁和市场上卖的果胶。

果胶

不同的水果中果胶的含量是不一样的，有些水果几乎没有果胶，这样就需要使用市场上卖的粉末状果胶了。

酸

有些水果的酸会很少，这时就需要用柠檬汁来补充一下。

糖

水果里含的糖分大概在10%左右，不够的时候就用砂糖来补充。

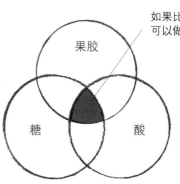

如果比例调和好的话，就可以做出恰到好处的黏度

适合做果酱的水果

要做出美味的果酱，选择水果是非常关键的。并不是看生吃的时候它是否好吃，而是要看它是否适合做成果酱。

颜色与香味好的水果

制作果酱的时候，虽然甜味和酸味可以用其他材料来代替，但是颜色和香味，是水果原本的特征，做出来的果酱会与原来的色与香有很大的关联。

带适量黑点的熟度最佳

熟度刚好的水果

制作果酱时，水果里的果胶是十分重要的成分。此成分随着水果成熟度的不同，它的量是会发生变化的，熟度刚好的时候，富含非常多的果胶。

适当的外形

果酱有多种类型，如果是将水果弄碎，什么形状都无所谓了。但如果需要保留原来的形状，那么要选择大小差不多的水果。另外，如果果酱还要用到水果皮的话，一定要注意不要选择皮上带伤痕的水果。

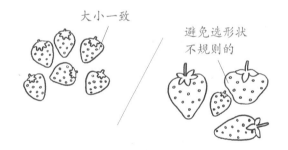

大小一致

避免选形状不规则的

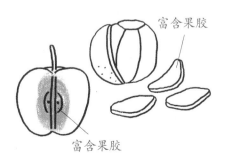

富含果胶

富含果胶

制作果酱时，皮和籽儿都很重要

和生吃的时候有所不同，有时皮和籽儿也是制作果酱的重要材料。皮有着更贴近水果原本的颜色和更丰富的香味。另外，水果里的果胶，有时候在皮和籽儿附近粘着很多，因此不要随便丢弃。

关于粉末状果胶

果胶是用柑橘类的皮或苹果泥为原料制作的。市场上卖的果胶粉末有很多种类型，大体上可分为以下两大类。

HM果胶
（高甲氧基果胶）

从原料中抽出果胶并做成粉末状物质。需要高糖度和一定的酸。

LM果胶
（低甲氧基果胶）

将天然的果胶进行加工，即使低糖度也可以有凝胶效果，适合制作甜味淡的果酱。

本书使用的粉末状果胶，按果胶25%、砂糖74%、乳酸钙1%的比例搭配，使用的是LM果胶。

材料② ····· # 果胶

果胶、酸、糖这些成分水果自身都会有，但水果不同，含量不一。酸的水果含酸多，甜的水果含糖多，这些很容易分辨。但是果胶的含量，靠味觉是无法分辨的。

柑橘类水果和苹果含有很多果胶，但不同的品种，含量也有很大差异。即使是同品种，成熟度不同，含量也不一样，适当的成熟度才有最充足的果胶。

因为籽儿周围和果皮中富含果胶，如果只想用果肉做成果酱，那么可以把籽儿和皮放进去熬制，煮好后再捞除。

但是像梨、柿子这样含果胶少的水果，无论酸和糖有多丰富，都不会出来黏稠感。制作果酱的话，可以加入含有果胶多的水果一起制作，或买果胶来用。

含果胶多的水果

无需使用果胶即可达到黏稠的效果。

柑橘类水果、苹果、香蕉、无花果、李子、桃

含果胶相对比较多的水果

含有一定量的果胶，不用额外加果胶，也可以制作出有些黏度的果酱。

草莓、杏、葡萄、枇杷、其他浆果类

含有果胶少的水果

几乎不含果胶，水果本身含有丰富的纤维，有一些黏度。如果想要更大的黏度，需要添加果胶。

梨、柿子、哈密瓜、西瓜

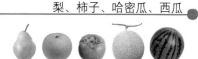

水果的酸度

柠檬·····················5%～7%

梅·······················4%～5%

杏·······················2%左右

橘子·····················1.5%～2%

李子·····················1%～2%

猕猴桃···················1%～2%

橘子·····················1%左右

草莓·····················1%左右

苹果·····················0.2%～0.7%

葡萄·····················0.6%左右

梨·······················0.2%左右

材料③······ 酸

　　酸是水果中含有的成分，和糖、果胶一样，不同水果的含酸量也是不一样的，酸味浓的水果含酸比较多。做果酱时需要0.5%的酸。另外，酸和甜味的关系是，如果酸大于1%会更好吃。如果用含酸少的水果，可以用柠檬汁或柠檬酸来辅助。

材料④······ 砂糖

　　制作有适当黏度的果酱时，加入砂糖是非常必要的。另外，水果里含有的糖分很少，只有10%左右，为了达到果酱所需的甜味，还是需要使用砂糖的。

　　虽然都叫砂糖，但它也有很多种。决定味道的是甜的蔗糖成分的比例，也就是"纯度"。虽然适合做果酱的是纯度高的砂糖，但是其他砂糖，也可与不同食材搭配使用。

砂糖

细砂糖

适合做果酱用的砂糖

白砂糖

　　纯度高，颗粒小，适合于制作果酱，除了果酱，制作点心的时候也经常用到。

粗白糖

　　结晶比砂糖要大一圈，有透明感的砂糖。想要做出透明感的果酱时，非常适合使用。

含蜜糖

　　将甘蔗、甜菜等原料原本的味道适度地保留下来的产品。味道比红糖更柔和，比精制砂糖更浓厚，非常适合在制作果酱的时候使用。

其他砂糖

优质白糖

　　这是一种有点潮的砂糖。因为纯度高，在没有砂糖的时候也可以使用。

红糖

　　红糖是甘蔗榨汁后直接熬煮而成的糖，没有经过精细加工,保留最原始的甘蔗天然风味。在制作果酱时使用，能够做出非常浓厚的味道。

不同的道具，
会制作出不同的效果

素材

　　制作果酱时酸是不可缺少的，因此需要选择耐酸性强的锅。在这里推荐使用不锈钢或搪瓷。

※使用搪瓷锅前，请先确认它是否有破损。

※铝、铁、铜锅，金属容易溶解进果酱里，会改变果酱的香味和颜色，因此要尽量避免。

大小与厚度

　　为了保留水果的风味，重点是要在短时间内煮好。选择火容易扩散的直径为17~20厘米的锅，每次少量制作。另外，因为使用砂糖，所以需要选择不容易焦的厚底锅。

不锈钢锅

搪瓷锅

秤

　　制作果酱时，称重是重要的一步。水果、砂糖要称，添加量很少的果胶也要称，要用精度高的厨房秤。

小铲子

　　熬制果酱时，为了不让砂糖沉淀，需要用小铲子一边搅拌一边煮，为了不划伤锅，推荐使用木制小铲子。如果使用黄油或奶油，使用容易将食物聚合起来的橡胶和硅胶材质的比较好。

※在使用木制小铲子前，先将其沾湿，可以减轻染色的现象。

其他道具

过滤纱布

　　我们将水果做成果汁时使用。榨汁后果汁中含薄皮和种子的时候会用到，根据具体情况而选用。

汤勺

　　汤勺有适合捞东西的，和适合把果酱灌瓶用的，这两种都准备齐比较方便。比较容易捞东西的是圆形的，用于瓶装的建议使用前端细长的。

食品料理机

　　不容易煮烂的水果，把它们做成糊状的时候使用。如果没有料理机的话，在加热后把它裹好，再碾细会比较好。使用含果胶少的水果（参考10页）时，水果的纤维会出来，在一定程度上会有黏稠感。

春季的果酱

温暖的春天，
非常适合制作入门级果酱

　　春天最想做的果酱，还是红彤彤的草莓果酱。万物复苏的春季，也正是吃草莓的季节。如果能找到小粒的酸甜味的草莓，一定要把它做成果酱。

　　另外，这个时期，也快要迎来桃子葡萄等。多买一点回家，把它们也制作成美味的果酱吧。

春季美味日历
Spring calendar

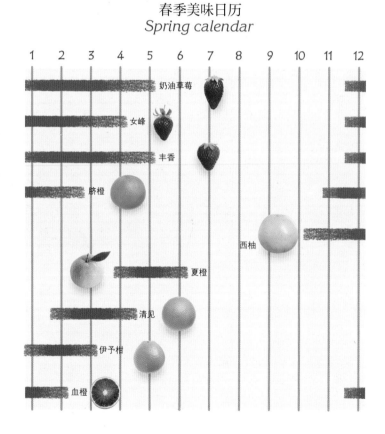

美丽的红宝石颜色的果酱

适于保存的草莓酱

材料（容易做的分量）

草莓（去蒂）·····················400克

绵白糖·····························160克

（草莓果肉重量的40%）

柠檬果汁·······················大汤勺1勺

point

草莓请选择小粒的颜色浓的。

闪耀的红色，清爽的酸味
代表春天果酱的指定水果

　　红彤彤的颜色鲜艳的草莓，是果酱永远的基调。草莓从12月～第二年4月上市，适合做果酱的是春季上市的酸味浓的小粒草莓。

草莓

Strawberry

莓

好吃的时节······1　2　3　4　5　6　7　8　9　10　11　12

学名······*Fragaria ananassa*

分类······玫瑰科草莓属

原产地······南北美等

主要产地······各省市均有种植

制作方法

1 把草莓洗净，水分擦干，把蒂摘掉。

2 将草莓放入碗里，撒上绵白糖，轻轻搅拌，放置3小时以上。

point

带着蒂清洗。

3 放入滤酱筛子，把果实与汁分离。

4 果汁倒入小锅中，用中火煮出黏稠感。

5 加入果实和柠檬汁，一边煮一边撇去浮沫。

6 果实因为含有糖浆而膨胀，整体都很黏稠的时候就可以关火了。

黑胡椒草莓果酱

材料（方便制作的分量）

草莓（去蒂）······················400克
绵白糖········160克（草莓果肉重量的40%）
柠檬汁·····························1大勺
粗粒黑胡椒·························1/4小勺

制作方法

1 将草莓洗净，沥去水，去蒂。

2 放入碗里，均匀撒上绵白糖，轻轻搅拌，搁置3小时以上，把果汁腌出来，不时轻轻搅动，但不要弄破。

3 放到滤酱筛子上，把果实与果汁分开。

4 果汁倒入小锅中，中火熬制，开始变黏稠时，就把果实和柠檬汁加进去，一边煮一边撇去浮沫。

5 果实因为含有糖浆而膨胀，整体变黏稠时，加入黑胡椒搅拌，关火。

后味是薄荷的

薄荷草莓果酱

材料（容易做的分量）

草莓（去蒂）······················400克
绵白糖········160克（草莓果肉重量的40%）
柠檬汁·····························1大勺
薄荷叶·····························1小勺

制作方法

前4个步骤同"黑胡椒草莓果酱"，第5个步骤开始出现黏稠感时，加入薄荷叶，然后关火。

什么样的草莓
适合做果酱？

适合做果酱的是酸味很浓、颜色浓度适中，果肉有硬度的草莓。3个条件都具备的草莓，方能做出美味的草莓酱来。

将两种水果混搭出新的美味
草莓香蕉果酱

材料（方便制作的分量）

草莓（去蒂）··························	250克
香蕉（去皮）··························	150克
绵白糖········160克（草莓果肉重量的40%）	
柠檬汁································	1大勺

🍓 **什么样的草莓适合做果酱？**

　　适合做果酱的是酸味很浓，颜色浓度适中，果肉有硬度的草莓。三个条件都具备的草莓，方能做出美味的草莓酱来。

制作方法

1 将草莓清洗并滤净水分，把蒂去掉。

2 草莓放入碗里，均匀撒上绵白糖，搁置3小时以上，让果汁渗出，不时轻轻搅动，但不要碰坏了果实。

3 放到滤酱筛子上，把果实与汁分开。将香蕉切成5毫米厚的片，涂上柠檬汁。

4 把草莓汁倒入小锅中，中火熬制，当熬出黏稠感后，依次将草莓与香蕉倒入，一边煮一边撇去浮沫。

5 果实因为含有糖浆变得膨胀，香蕉变软，等整体黏稠了即可。

制作方法

point
建议使用粒小、颜色
红艳的草莓。

1 将草莓清洗并滤净水分，去蒂。

2 把草莓放入碗里，均匀撒上绵白糖，搁置3小时以上，让果汁渗出，不时轻轻搅动，但不要碰坏了果实。

3 倒入小锅内煮沸，改中火，一边煮一边撇去浮沫。

水果可以和冰淇淋一起，用搅拌机打成奶昔食用。

4 倒入铺有纸巾的滤酱筛子，将滤出的果汁重新倒入锅中，煮沸后关火。装瓶，冷却后，可冷藏保存2周左右。

装瓶后，于冰箱冷藏，可保存2星期。

水果里加入砂糖的理由
能够做成糖水的理由

砂糖有与水结合的特性。将砂糖加入到像草莓这样的水果中，果汁会从水果中渗出来，能制作成糖水水果。水分多的果酱或糖水水果之所以不容易坏，正是因为砂糖与水分结合，将水分很好地锁住的结果。但是，它也会和空气中的水分相结合，因此请注意防潮。

草莓的香气与颜色的浓缩
使用牛奶与碳酸

草莓果子露

材料（方便制作的分量）

草莓（去蒂）	400克
绵白糖	300克（草莓果肉重量的40%）
柠檬汁	1大勺
水	1/4杯

做好的果酱，放入8倍的牛奶或碳酸水喝，或直接加水，都是美味的果饮；也可以涂在烤薄饼上，非常美味。

红颜

外表艳红，味道浓郁甘美。但不耐储运输。

奶油草莓

奶油草莓学名是章姬，有股奶香味，柔软多汁、味甘甜、价格较高。

丰香

颜色较红颜略炎，口感细腻，维生素C含量很高。

保存的重点——装瓶

关于瓶的煮沸与脱气

保存果酱的重点是装瓶。装瓶操作严格与否，直接影响保存时间长短。如果操作得当，果酱最长可以保存半年多。

装瓶大致分为3个步骤，容器消毒—填充—脱气。关于脱气方法有很多种，在这里介绍简单的脱气方法与正规的脱气方法。

准备的器具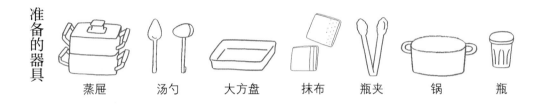

蒸屉　　汤勺　　大方盘　　抹布　　瓶夹　　锅　　瓶

填充

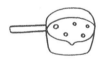

1 将热的果酱倒入热的瓶子里，消毒和脱气要在短时间内完成，这样不会影响果酱的颜色和香味。为了避免烫伤，用干净的抹布裹住瓶子，将果酱倒入，高度以距瓶口0.5～1厘米为宜。

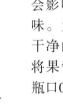

2 确认果酱内部是否有空气，如果感觉有缝隙，就把瓶子底部往桌子上敲几下，以去除气体。

消毒

1 将瓶子与盖子彻底清洗干净，对于使用过的瓶子，要用刷子好好刷洗。

2 瓶子放锅内，加水至八分满，煮沸5分钟后关火。

3 因为比较烫，用瓶夹将杯子取出，将其倒置在干净抹布上擦干。注意不要留有水珠。

简单的脱气方法

可以在冰箱里保存2周到1个月的时间。

1 将果酱填充后，马上把盖子盖上。

2 将瓶子倒置然后冷却。这样做，瓶盖里面也可以杀菌，放置30分钟左右。

3 托盘加入一层水，将瓶子正向放入继续散热。散热差不多了，拭去瓶身上的水汽，瓶子内部空气的体积减少，盖子中间凹进去。等瓶子完全冷却下来，脱气就完成了。

正规的脱气

如果操作得当，可以保存数月。

1 将果酱填充后，轻轻地盖上盖子，不拧紧。

2 将果酱瓶放在有蒸汽蒸腾的蒸屉上，加热到果酱中心也热起来为止。加热时间的长短，依瓶子容量而异，一般150毫升的瓶子需要加热10～15分钟。

3 从蒸屉中将瓶子取出，将瓶盖拧紧，倒置30分钟左右。

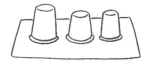

4 将瓶子再放正，在注入一层水的托盘中冷却。冷却后，将瓶身上的水气拭去即可。

柑橘类
甜橙

Orange

个性十足的柑橘类，选择颜色金黄的品种，皮有淡淡的苦味，可以一起制作果酱增添风味。

学名……	*Citrus sinensis*
分类……	香科柑橘属
原产地……	印度
主要产地……	华南、华西

美味的时节

1
2
3
4
5
6
7
8
9
10
11
12

可以品尝果皮的苦涩与爽口酸味的柑橘类果酱。进口橙子与葡萄柚的季节是从春天到初夏。

保留橙子皮的清爽苦味

脐橙酸果酱

材料（方便制作的量）

橙子……	500克
绵白糖……	适量
柠檬果汁……	2大勺
白酒……	1大勺

point
连皮制作的话，选择有机的不含农药与防腐剂的橙子。

制作方法

1 在橙子上撒一点点盐，在温水里清洗，尽量紧贴白色部分，薄薄地将皮削下来。

2 将橙子皮放入锅内，倒入足够的水，煮沸后改中火，煮5分钟后，放入筛子上，控净水，用流水冲洗。将皮放在手掌上，用力挤压去水分。

3 将橙子瓣取出，剩下的白色薄皮用手用力挤，将果汁挤出。

4 做法2与做法3（果肉和果汁）称重，准备其总重量一半分量的绵白糖。

5 做法2和做法3倒入锅中，加入绵白糖，煮沸后改中火，一边撇除浮沫，一边煮20～25分钟。

6 加入柠檬果汁和白酒，煮5分钟，有黏稠感后关火。

脐橙

有强烈的香味与甜味，又没有籽儿，是好加工的橙子，赣南的脐橙是非常美味的品种。

时令……11～12月

制作方法：

1 将巧克力细细切碎，放入碗中。

2 将鲜奶油放入锅中，加热，到快要煮沸时，倒入巧克力，用打蛋器搅拌至有光泽并且变得很柔滑的时候停下来，加入橘味利口酒，继续搅拌。

3 把脐橙酸果酱与做法2分层交替放入瓶中。

放在冰箱冷藏可以保存10天以上。

甜与苦的结合

巧克力橙子果酱

材料（方便制作的分量）	
脐橙酸果酱（参考27页）……………	200克
甜巧克力…………………………	200克
鲜奶油…………………………	100克
橘味利口酒……………………	1大勺

point
如果室温低的话，将锅稍稍加热一下，再放入鲜奶油。充分搅拌，会产生更柔和的口感。

制作方法

1 将少许盐擦在橙子皮上，在温水里仔细清洗，切成5毫米厚的圆片。

2 将橙子片依次放入锅中，倒入恰好能浸没橙子分量的水并加热，煮沸后将火关闭，倒入筛子，滤净水分。

3 在做法2的锅中放入绵白糖与水加热，等汤水的气泡变大时，再次将橙子放入，用小火煮至橙子把糖汁都吸收后关火。

point
如果煮过头了，冷却后橙子会变硬，所以要注意。在烤薄饼或松饼时，放上几片橙子片，看起来非常温暖。

酸甜的橙子片
浮在红茶上也很漂亮

橙子薄片酸果酱

材料（方便制作的分量）

橙子······················300克（1个）
绵白糖····················180克
水························1/2杯

橙子品种
　　橙子分3类：甜橙、脐橙、血橙。
11～12月

介于牛奶蛋羹与果酱之间
比柠檬酱略苦，有着成熟的味道

葡萄柚凝乳

材料（方便制作的分量）

西柚（红葡萄柚）的果汁······1/2杯
黄油（无盐）······50克
柠檬果汁······1大勺
鸡蛋······2个
绵白糖······100克

制作方法

1 把西柚去籽儿，榨成果汁（有点果肉没关系）。把黄油切成薄片。

2 打一个鸡蛋，放入碗中，加入绵白糖搅匀，加入葡萄柚果汁、柠檬果汁，再次搅拌。

3 将做法2放入小锅，开小火，加入黄油，用橡胶小铲子在锅底不停搅动。

4 变成清澈状后关火。

装瓶后可保存一周多的时间。

凝乳是什么？

凝乳是牛奶蛋羹状的糊，它的特点是有黏黏糊糊的口感。也被称作水果黄油/水果奶酪。和黄油放在一起的时候，因为沸腾的话两者就会分离，所以要用小火慢慢加热。

西柚

Grapefruit

学名······*Citrus paradisi*
分类······芸香科柑橘属
原产地······西印度诸岛，巴巴多斯
主要产地······湖北、江西

好吃的时节
1
2
3
4
5
6
7
8
9
10
11
12

鲁比（Ruby）

别名，粉红葡萄柚，比马喜（marsh）酸味更轻，口感柔和。

季节…进口的粉红葡萄柚，产地不一样，时间就不一样，但是基本全年都可以买到葡萄柚，加利福尼亚产的5月初～10月下旬；佛罗里达产的10月中旬到次年5月下旬；南非产的是从7月中旬到10月中旬。

马喜（marsh）

黄色的皮，浅黄色的果肉，是非常好看的品种。淡淡的苦涩与清爽的酸甜味是它的特点。

西柚（葡萄柚）有一定
的保护心脏功能

**富含浓郁的柑橘香味
冷藏后食用效果更佳**

香辛糖水柑橘

制作方法

1 将西柚和橙子的皮都去
除干净，将每瓣的果肉
分出。

2 取一半柚子瓣和橙子
瓣，用手将果汁挤出。

3 在锅中加入做法2、绵白
糖、水、柠檬果汁、调
料，煮沸后转小火，撇
除浮沫，煮大约1分钟，
将调料取出（将香辛料
轻轻冲洗下，用作
装饰）

4 将另一半果肉放进锅
中，再煮沸一次后关
火，倒入容器里散热。

材料（方便制作的分量）

西柚（葡萄柚）	1个
橙子	2个
绵白糖	100克
水	1杯
柠檬果汁	1大勺
肉桂	1根
八角	1个
丁香	2个

八角

　　有点甜甜香味的八角，能够起到神奇
的调味作用。

丁香

　　有很强烈的
甜香味，能提升
果酱或糖水水果
的甜味。

肉桂

　　肉桂有一种特有的
甜香味，除布丁或甜甜
圈等点心以外，咖喱
粉、番茄酱里也会使用。

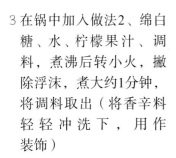

有点苦涩却风味绝佳的酸果酱

夏橙酸果酱

材料（方便制作的分量）

夏橙（已经去皮的）……………500克
绵白糖………………………………适量
柠檬汁………………………………1大勺

制作方法

1 在夏橙上擦上少许盐，用温水彻底清洗，切成8等份。把皮厚厚地剥下来，切成细条。把果肉外的白皮也去掉，取出果肉。白皮放在一边。

2 在锅中放入橙皮和足量水，煮沸后改中火烧5分钟，用筛子滤掉水后用流水冲洗。将皮放到手掌上用力挤。橙子核放到茶包里。

3 将白皮切碎后放入耐热碗中，盖上保鲜膜放入微波炉加热3分钟。

4 称一下橙子果肉、黄色的皮、白色的薄皮的重量，准备总重量的50%的绵白糖。

5 将橙皮、白皮、果肉放入小锅中，加入白砂糖，煮沸后转中火，将茶包放入，一边撇除浮沫一边煮15～20分钟。加入柠檬汁后再煮5分钟，有黏度后关火。

夏橙

Summer orange

美味的时节

学名…………*Citrus natsudaidai Hayata*
分类…………芸香科柑橘属
主要产地……广西、湖北等地

1	
2	
3	
4	
5	
6	
7	
8	
9	
10	
11	
12	

杂柑

夏橙

冬季结果实，开始有颜色，春季开始到夏季是食用的季节。因为有着清爽的酸味与迷人的香气，多被当做制作点心的材料。

季节……4～6月

橘橙类

青见

1949年以特罗维塔甜橙（华脐的实生变种）与温州蜜柑杂交育成。皮薄，苦味淡，适合于制作果酱。

季节……1～4月

制作方法

1 将少许盐涂在夏橙上，用温水清洗，切成16等分，把皮剥下。

2 将橙皮放入锅中，加入正好能淹没皮的水量，开火煮沸后将汤倒掉。再次重复同样的动作。

3 滤去水的橙皮再加入刚好能浸没橙皮的水，开火，加入50克绵白糖，煮沸后关火，冷却，重复三次。

4 将浸透糖水的橙皮放在烤盘上，入预热至120℃的烤箱烤制30分钟，待烤干，拿出来冷却，在上面撒上白糖。

可以体验皮柔和的口感

夏季蜜橘果皮

材料（方便制作的分量）

夏橙·······················2个
绵白糖····················200克
绵白糖（装盘时用）···········适量

伊予柑（日本引进的品种，我国浙江、四川均有种植）

虽然皮厚，但是汁多，酸甜平衡掌握得非常好。淡淡的香气，有着让人回味无穷的味道。

季节……1~3月

血橙

血橙俗称红橙，有深红似血颜色的果肉与汁液，较寻常的橙体积小，味道香甜多汁，有芬芳的香气，大都无核。

季节……12~2月

适合与果酱同食的点心①

制作方法

1 将黄油切成1.5厘米见方的块状，放入冰箱冷藏。

2 将混合的A放入筛子。

4 在另一个碗里放入蛋黄，用打蛋器搅拌，再加入绵白糖后接着搅拌，然后加入牛奶继续搅拌。

5 在做法3中加入蛋黄糖液，揉到没有粉状物质，可以用橡胶刮刀干净利索切断为止。

6 放在保鲜膜上，完整地包裹起来，放入冰箱冷藏1小时。

7 在案板上捶打面团，然后用擀面杖擀成2.5厘米厚的面片，用小模具（或杯子）压取，放在烤盘上，在上面涂上搅拌好的鸡蛋，放入预热至200℃的烤箱中，烘烤15～20分钟即可。

外酥里嫩的烤制点心搭配果酱

烤饼

材料（直径5厘米的小模具）

A	全麦粉	240克
	焙粉	12克
	脱脂奶粉	10克
B	黄油（无盐）	90克
蛋黄		1个
绵白糖		30克
牛奶		1/2杯
搅拌开的鸡蛋		适量

check
图中搭配的是红玉果酱……109页

夏季的果酱

香气四溢的李子，
还有各种汁液饱满的诱人水果

夏季的水果，香气四溢，汁水饱满。这是个阳光一天比一天强，水果的种类和味道也是一天天变化的季节。一边享受着不同种类水果的多种味道、香气与颜色，一边可以保存这些美妙的味道，特别是李子。

水分多的水果，也有难做出黏稠感的，这时就可以充分利用果胶粉来制作。

夏季美味日历

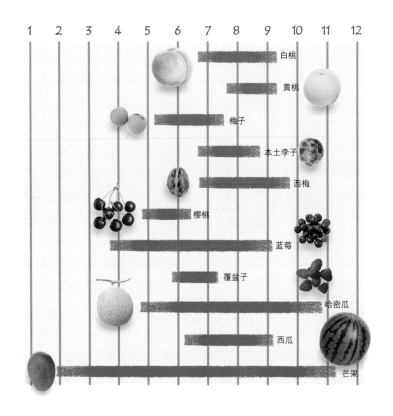

淡淡的粉色与清甜的香气

桃子果酱

材料（方便制作的分量）

桃子（去除皮与核）········ 500克（约2个）

柠檬的果汁······························ 1大勺

水·· 1/2杯

绵白糖·········· 200克（约果肉重量的40%）

制作方法

1 桃子用流水轻轻地揉搓，将毛去除，放入热水后马上拿出放入凉水中，去皮，将皮放在一旁。

2 去核，将果肉切成片，浇上柠檬汁。

3 将皮放入小锅中倒入适量水，开火，煮沸后转小火，皮的颜色褪到水中后关火，放在筛子上过滤。

4 将过滤的汁再次倒入锅中，将桃子片和一半绵白糖放入锅中，煮沸后转中火，一边搅拌一边煮约10分钟。

5 将剩下的绵白糖放入，直到煮出黏稠感，煮5～10分钟后关火。

果汁丰盈的水果女王

为了发挥果肉柔软的口感与香气，桃子不可煮太久。皮和核的周围有很多果胶，因此和果肉分开煮。因为酸味少，还需要加入柠檬汁。

简单的去皮方法

将桃子放入煮沸的锅中10～30秒，皮就可以很容易剥下来了。没有熟透的桃子也可以用此方法来去皮。

point

桃子皮放入水中煮，可以将皮中含有的果胶和色素煮出来。

桃子

Peach

美味的时节

学名⋯⋯⋯⋯*Prunus persick*

主要产地⋯⋯各省均有种植

1 2 3 4 5 6 7 8 9 10 11 12

43

制作方法

1 黄桃先用流水冲洗，轻轻揉搓，去掉毛，放入热水中，马上取出放入凉水中，去皮。

point
用白桃也会很好吃。

2 去核，果肉切成片状，涂上柠檬汁。

3 将绵白糖与适量水倒入小锅中，等绵白糖溶化，将桃子一片片放入锅中，盖上锅盖用小火煮10分钟，关火后冷却。

装瓶后可以保存7～10天。

桃叶要怎么用？

桃叶有抑制炎症的功效，如果有痱子或脓包，也可以将叶子阴干，将干燥的叶子100～200克放入布袋子，并放到浴缸里泡浴，有一定的效果。过敏体质者慎用。

请品尝柔软的果肉吧
加入酸奶里也可

糖水黄桃

材料（方便制作的分量）

黄桃·······················2个
柠檬汁·····················1大勺
绵白糖····················100克
水·························2杯

白桃

是果肉为白色的桃子，皮白、味浓、肉细、甜略有酸味，汁液较多，香气浓烈，果肉有时也带红色。完全成熟时果肉会变软，用的时候需要格外小心。
季节……7～9月

黄桃

比起白桃酸味更浓，果肉更硬，因此制作果酱或罐头时推荐此桃子。
季节……8～9月

油桃

是桃子的变种，跟普通的桃子相比，它的特点是果肉硬，味酸。皮很红，果肉呈黄色。因为香味浓，因此也很适合做果酱。
季节……5～9月

清爽的酸味是它的特点
梅果酱

材料（方便制作的分量）

梅子（黄色已经熟了的）··········500克
绵白糖··································适量

制作方法：

1 将锅洗一下，把梅子和足量水倒进去，开小火，至梅子变软后关火，放凉。

2 将煮软的梅子用很细的水流冲，泡1~2个小时，将酸味和苦味去除。

3 然后放到筛子上滤掉水分，剖开，取出核后称重，并准备总重量50%的绵白糖。

4 将梅子和绵白糖放入小锅，开火，煮沸后转中火，一边撇除浮沫，一边不时地搅动，煮20~25分钟。

巧用梅酒中的梅子
包含成熟的风味
梅酒味的梅果酱

材料（方便制作的分量）

梅酒中取出的梅子··················250克
梅酒··································1/2杯
柠檬汁·································1大勺

point
要使用浸泡在酒和砂糖中约10个月的梅子。

制作方法：

1 将梅子和梅酒放入小锅中，开小火，用木铲一边弄碎果肉一边搅拌。

2 煮至核从果肉中脱离出来，就关火，将核去除。

3 加入柠檬汁，煮出黏稠感，即可关火。

从青梅到黄梅，
把不断变换的味道存入瓶中

在4~7月间上市的香味绝佳的果实。因为其含有酸和有黏稠度的丰富果胶，如果加入砂糖煮的话，可以很简单地制成果酱。让我们享受一下青梅果酱、黄梅果酱与当季梅子不同的味道吧。

梅子的功效

原产地是中国的中部到南部，具有排毒养颜、祛斑祛痘、减肥纤体、降脂降压、清肝明目等功能。

梅子

Ume

美味的时节
分类··········蔷薇科杏属
学名··········*Prunus mume*
原产地·········中国
主要产地········南方大部分省市

1 2 3 4 5 6 7 8 9 10 11 12

深色的酸甜的魅力
充满阳光的李子酱

材料（方便制作的分量）

李子（去核）·············500克
绵白糖·················200克
（李子皮与果肉重量的40%）
柠檬汁·················1大勺

制作方法

1 将李子清洗干净，去核后连皮切小块。

2 李子放入碗中，加入一半分量的绵白糖搅拌，放置30分钟。

3 放入小锅中，加能淹没果肉的水，开中火，煮沸后撇除浮沫，不时地搅拌，煮10分钟。

4 将剩余的绵白糖与柠檬汁加进去，煮5～10分钟到煮出黏稠感即可。

推荐给初学者
李子是非常容易制作成果酱的水果

李子分为本土李子与进口李子（布朗）。两种都含有丰富的酸与果胶，是非常容易制作成果酱的水果。根据甜度、酸度和颜色的不同，分为很多品种。

本土李子

皮为红色，果肉为黄色。厚实的口感，酸味重，熟透后甜味会非常浓。

季节……6～8月

李子

Plum

学名……*Prunus spp*
分类……蔷薇科李属
原产地……中国、（西洋李子）高加索地区
主要产地……南北方均有广泛种植

7～8月是李子最美味的时节

1
2
3
4
5
6
7
8
9
10
11
12

point
因为李子里含有丰富的果胶，考虑到冷却后还会变得更黏稠，所以不要煮过度了。选用皮深紫色、肉质黄色的熟透的品种，会更美味。

圆滚滚的形状十分可爱

糖水李子

材料（方便制作的分量）

李子（秋姬）·····················5个

绵白糖·····················150克

水·····················2杯

柠檬汁·····················1大勺

制作方法

1 将李子清洗干净，放入热水，皮裂开后马上放入冷水里，去皮。

point

将李子放入热水后，皮会变得很容易剥。这里使用的是一种叫做秋姬（日本）的品种，即使是别的国产的品种，也可以做出好吃的味道。

秋姬

时节算是李子中比较晚的了，从9月开始上市。果肉是黄色，皮是紫色或红色。酸甜适中，味道浓厚。

季节……9月

2 将绵白糖与适量水放入小锅开火，等绵白糖化了以后，将李子放入，加入柠檬汁，盖上小锅盖，用极弱的火煮10分钟，关火后冷却。

装瓶后可以在冰箱里保存7～10天。

花螺李

皮与果肉都是暗红色，做成果酱，就会呈现鲜艳的红色。酸味非常浓烈，比起生吃，更适合加工后食用。

季节……5月下旬～6月中旬

索尔达木姆李

皮是有点发青的紫，果肉是深红色，是很意外的组合。有非常好的酸味与甜度。

季节……7月下旬～8月上旬

布朗

美国引进，皮为紫黑色，越成熟的，颜色越接近黑色，肉质鲜甜多汁。

季节……7月下旬～9月上旬

好吃的时节

学名……*Prunus domestica*
分类……蔷薇科李属
原产地……高加索地区
主要产地……广东

西梅（洋李子）

Prune

1
2
3
4
5
6
7
8
9
10
11
12

西梅的历史可以追溯到公元前，生吃也很甘甜多汁。
美国的加利福尼亚州种植了占世界总产量七成的西梅。

制作方法

1 将西梅洗干净，用刀纵方向深深地切入，分成两半，将核去除，连皮切成大块。因为西梅的皮会煮化掉，所以不用介意。

2 将西梅放入小锅中，加入一半量的绵白糖，开火煮沸后撇除浮沫，不时地搅动，煮10分钟左右。

3 将剩下的绵白糖与柠檬汁加进去，煮5~10分钟直到煮出黏度即可。

point

因为西梅里含有丰富的果胶，冷却后就会有黏性，所以不要煮过头了。

品尝新鲜西梅的风味

西梅酱

材料（方便制作的分量）

西梅（去核）……500克（约5个）

绵白糖……………………………200克
（西梅皮与果肉重量的40%）

柠檬汁………………………………1大勺

西梅干

用机器将西梅进行加工，使其干燥到水分剩下20%而成。因为甜味浓缩了，所以制作点心的时候常被使用。

制作方法

1 将樱桃解冻，放入搅拌机里
　打碎。

2 将樱桃放入小锅中，放
　入一半的绵白糖，开中
　火，一边撇除浮沫一边
　不时地搅动，煮10分钟。

3 将剩下的绵白糖和柠檬
　汁加进去，煮5～10分
　钟出黏稠感即可。

一年中，上市的时间非常短
做果酱也可以用冷冻的樱桃

　　樱桃分为生吃的甜樱桃，和加工用的酸樱
桃。通常，我们吃的甜樱桃有白肉的和红肉
的，适合做果酱的是红肉的。

point
*因为樱桃是不会煮破的，因此要放入搅拌机里
打碎。*

使用冷冻樱桃，
颜色会非常鲜艳

樱桃果酱

材料（方便制作的分量）

樱桃	400克
绵白糖	160克
（樱桃重量的40%的分量）	
柠檬汁	1大勺

好吃的时节

1
2
3
4
5
6
7
8
9
10
11
12

学名……*Prunus spp*
分类……蔷薇科李属
原产地……西南亚
主要产地……长江流域和黄河流域都有，分布很广

普通樱桃

　　国产的红色果肉的樱桃。随着逐渐成熟，颜色会由朱红
转为深紫色。它的特点是酸甜恰到好处。
季节……5月中旬~6月中旬

酸樱桃

　　是被称为"酸果樱桃"
的酸味强的樱桃的总称。酸
味强的适合做成果酱。很少
拿来生吃。可以在点心店购
买到冷冻的酸樱桃。

**车厘子（美国智利等进
口樱桃）**

　　它的特点是粒大，酸味
少。容易加工，供应时间
长，价格贵。

経典的美味
能够制作出极好的味道

蓝莓果酱

材料（方便制作的分量）

蓝莓·····························300克
绵白糖·························150克
（蓝莓重量50%的量）
柠檬汁·························1大勺

制作方法

1 用流水清洗蓝莓，并去除水气，放入小锅中，加入一半的绵白糖，开小火。

point
绵白糖的量如果减少的话，果酱会变得很稀，因此可以根据用途自行调节。

2 水分渗出来后改中火，煮约10分钟。

3 加入剩下的绵白糖和柠檬汁，煮10～15分钟，等煮出黏稠感即可。

黑莓

酸甜适中，可以生吃。在我国江浙一带有种植。
季节·····7～8月

越橘

北美的原产浆果，难以保存，价格较高，市场上主要是越橘果汁、越橘干、冷冻越橘等。
季节·····进口的时节9～11月

一颗颗小粒
浓缩了夏天的香气、色泽、酸甜味

这种浆果酸甜的味道，带来无限的回味。在北欧或欧洲，在山上采摘野浆果，是夏天的乐趣之一。因为它容易坏掉，因此需要马上烹饪。

蓝莓

蓝莓因富含花青素，有改善眼睛疲劳、防止老化、补充营养方面的功效而备受关注。
季节·····6～8月

浆果类
蓝莓

Berrys

好吃的时节（蓝莓）

1
2
3
4
5
6
7
8
9
10
11
12

学名·····*Vaccinium spp*
分类·····杜鹃花科越橘属
原产地·····美国
主要产地·····东北三省的长白山、大兴安岭和小兴安岭林区

覆盆子

有很好的酸味，多用在点心和果酱里。主要分布在江苏、浙江、安徽、江西等地。

季节……6月~7月

黑加仑

别名：黑醋栗、茶藨子，除了黑加仑，还有红加仑，主产于东北及新疆地区。多用来制作果酱、果干、果汁饮料等。

季节……7月~8月

冷冻浆果

浆果类即使冷冻也不损风味的有很多，因此推荐冷冻品。除了蓝莓、覆盆子外，还有黑莓、黑加仑等的混合浆果。

各种风味的融合，浓郁的味道
混合浆果果酱

材料(方便制作的分量)

混合冷冻浆果（蓝莓、黑莓、红加仑等）
………………………………… 400克

绵白糖…… 200克（冷冻浆果总重量的50%）

水 ………………………………… 1/4杯

制作方法

1 将绵白糖和水放入小锅中，开火。

2 绵白糖溶化后，将冷冻浆果放进去，开中火。

3 煮沸后改成小火，一边煮一边撇除浮沫，直到煮出黏稠感为止。

有一粒粒的籽儿，香气浓郁
覆盆子果酱

材料（方便制作的分量）

冷冻覆盆子…………………………… 400克

绵白糖………… 200克（覆盆子重量的50%）

水 ………………………………… 1/4杯

制作方法

1 将绵白糖与适量水放入小锅里，开火。

2 绵白糖化了后，将冷冻的覆盆子加进去，改中火。

3 煮沸后改小火，撇除浮沫，直到煮出黏稠感为止。

保留其高贵的风味
甜瓜果酱

材料（方便制作的分量）

甜瓜（去皮去籽儿）…500克（1个）

绵白糖····························200克

（甜瓜果肉重量的40%）

果胶（粉末）·········1袋（11克）

柠檬汁···························2大勺

制作方法

1 将去皮去籽儿的甜瓜切成薄片。

point

因为甜瓜缺少果胶，因此，需要购买果胶加以辅助。果胶容易结块，因此需要将碗里的水全部去除干净，然后将果胶与砂糖倒入搅拌。

2 将果胶与绵白糖放入碗中，用打泡器搅拌。

3 将甜瓜片放入小锅，煮沸后改中火，一边煮一边撇除浮沫，煮10～15分钟。

4 分次倒入果胶绵白糖混合物煮溶化，要不停搅拌，再煮10～15分钟即可。

优雅的香气与柔和的肉质
做成果酱也不会变味

　　甜瓜的特点是有扑鼻的甜香。为了保持其细腻的口感，不要煮过头了。因为它缺少能够让果酱有黏稠感的果胶，所以要添加果胶。

八里香

　　又叫花皮瓜，皮黄绿相间，成熟的瓜闻起来很香，口感绵软清甜，市场上很常见。

哈密瓜

　　有着与香瓜相似的香味与甜味，因为甜味高广受欢迎。

绿宝石

　　果皮翠绿，瓤也是绿色，靠近中间籽的部分逐渐变黄绿色，口感香甜。

伊丽莎白

　　颜色不要选浅黄色的，要选深黄色的，熟度更好风味佳。同等大小手感更沉的水分足。从夏季6月份到初冬11月份都有。

美味的时节

学名：······*Cucumis melo*

分类：······葫芦科甜瓜属

原产地：······热带地区

主要产地：······各地均有，温带及热带广泛种植

1
2
3
4
5
6
7
8
9
10
11
12

保持夏天一样的红色
西瓜果酱

材料（方便制作的分量）

西瓜（去皮与籽儿的）········ 500克

绵白糖·················· 200克

（西瓜果肉重量的40%）

果胶（粉末）········· 1袋（11克）

柠檬汁················· 2大勺

制作方法

1 将西瓜去绿皮去籽儿，连白色部分切成5毫米厚的块。

2 将果胶与绵白糖放入碗中，用打泡器搅拌均匀。

point

西瓜缺少果酱需要的果胶，因此需加入果胶。

3 将西瓜倒入小锅中，不需加水，因为西瓜本身含有大量水分，煮沸后转中火，一边撇除浮沫，一边煮10~15分钟。

point

因为西瓜的水分很多，需要慢慢地煮，将水分蒸发掉。

4 分次加入果胶绵白糖混合物，不停搅拌煮至溶化，加入柠檬汁，继续搅拌，煮10~15分钟即可。

果汁丰富的夏季水果
要做成果酱需要下一点功夫

西瓜果实中的水分有90%以上，但缺少制作果酱时需要的酸与果胶，因此一般不好做成果酱，但如果与柑橘类结合的话，就可以制作出非常美味的果酱了。

西瓜

Wataer
Melon

主要产地·······各地均有种植
原产地·······南非
分类·······葫芦科西瓜属
学名·······*Citullus lanatus*
美味的时节

1
2
3
4
5
6
7
8
9
10
11
12

学名……… *Mangifera indica*
分类……… 杜果属
原产地……… 印度、马来西亚等地
主要产地……… 南部亚热带及热带地区，海南最多

美味的时节

| 1 |
| 2 |
| 3 |
| 4 |
| 5 |
| 6 |
| 7 |
| 8 |
| 9 |
| 10 |
| 11 |
| 12 |

制作方法

1 将芒果削皮后取果肉切小块。

2 芒果放入小锅中，将一半的绵白糖放入，开火煮沸后转中火，撇除浮沫，煮15分钟左右。

3 将剩下的绵白糖和柠檬汁加进去，用木制小铲子将果肉碾碎，煮5～10分钟，煮到有一点黏稠感即可。

浓郁的颜色与甜味
就像将太阳搬到了餐桌上一样

此种南国水果，其浓郁的香气与甘甜味给人留下深刻的印象。即使加热，香味依然存在。除了做成果酱，还可以加入香料，做成酸辣酱。烹饪菜肴时稍稍加入一点点，也会令人回味无穷。

热带五花八门的果酱
芒果果酱

材料（方便制作的分量）

芒果（去皮去核）……………………400克
绵白糖……… 160克（芒果果肉重量的40%）
柠檬汁………………………………1大勺

制作方法

1 将芒果去皮，取果肉切细碎。

可以用作烹饪肉或鱼的调料，用在咖喱里，增添特殊的风味。

2 将芒果和调料倒入小锅，开火，煮煮沸后改中火。

3 一边撇除浮沫一边煮15分钟，再加入香辛料。

4 慢慢地煮，直到煮出黏稠感即可。

芒果酸辣酱

材料（方便制作的分量）

芒果（稍微硬的，将皮与核去除）	200克

调料

洋葱（擦成碎末）	50克
生姜（擦成碎末）	5克
白酒醋（白葡萄与醋菌酿造的）	1/4杯
番茄汁	1/4杯
绵白糖	25克
盐	1/4小勺
红辣椒（去籽儿）	1/2根

香辛料

肉豆蔻粉和肉桂粉等自己喜欢的	一点点

苹果芒

皮和苹果一样红，由此得名，苹果芒有柔和的触感与甘甜的味道，以及醇厚的香气。用它可以制作出颜色鲜艳的果酱。

季节……9～10月
进口的……6～7月左右

象牙芒

果实圆长肥大，因形状和幼年象牙相似而得名。果实成熟时呈金黄色，皮薄核小，果肉肥厚、鲜嫩多汁，香甜可口。皮带绿色的是还没完全成熟的，有涩味。

澳洲芒

澳洲芒以个头大，味道香浓而广受欢迎，价格也较其他品种更高，肉质鲜美滑润，甜而不腻。颜色呈金黄色略带有红色的为上品。表皮出现黑斑的则是熟过头的。

果酱与面包藕断丝连的关系

　　果酱与面包的关系，既是常见的，又是很有深度的组合。果酱有酸味浓的、酸味淡的、糖浆状的等等，各种各样充满个性的味道。同样，面包也有有点酸味的、甜的、硬的、软的等种类。通过尝试各种组合，调配出最相得益彰的搭配。

法式面包棒&
坚果酱

　　将很香的法式面包棒与同样很香的坚果酱结合。为了充分保留法式面包棒的口感，不能用水分太多的果酱，推荐使用糊状的果酱（见157页花生糊）。

吐司薄片&
酸果酱

　　将轻轻烤制的吐司片，搭配上香甜中略带一丝清爽苦味的果酱，也是一种美妙的体验（如27页脐橙果酱、29页橙子果酱、35页夏橙果酱）。

厚切吐司&黄油&
草莓果酱

　　将黄油浓厚的味道与草莓的酸甜很好的融合。无论是谁吃到它都会心满意足（见17页草莓果酱）。

丹麦酥皮果子饼&
柠檬凝乳

　　含有很多黄油的丹麦酥皮果子饼的香浓质地，与口感浓厚却带着柠檬独有清爽口感的组合，将是一种多么令人难忘的滋味（见127页柠檬凝乳）。

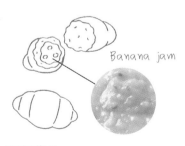

面包卷&
香蕉果酱

　　柔软的面包卷，与同样拥有柔软口感的香蕉果酱十分相配。圆形的面包，将果酱涂到切口处，看起来很可爱，吃起来也很美味（见143页香蕉果酱）

酸面包&奶油&
蓝莓酱

　　将同样拥有酸味的东西进行了组合。浓郁的口感不输给奶酪，有着蓝莓的甘甜，与酸面包厚实的口感，像是初恋的味道。（见57页蓝莓果酱）

秋季的果酱

让我们跟着季节的脚步，品尝秋季的累累硕果吧

　　众多种类的水果，大多在秋季获得丰收。从仍留有夏季余温的9月，到因寒风而瑟瑟发抖的11月，各种水果都在争相更替，如果有想要做成果酱的水果，不要错过最佳时令。苹果虽然有很多种类，但是适合加热的不多，要选择适合的品种。

　　天冷的时候，锅在火上咕嘟咕嘟冒着热气，让人看了就觉得很幸福。为了迎接水果种类不多的冬季，让我们试着多做一些种类的果酱吧。

秋天的美味日历
Autumn calendar

无花果

Fig

无花果

主要产地……中部及南部省市
原产地………阿拉伯半岛
分类…………桑科榕属
学名…………*Ficus carica*
美味的时节

1
2
3
4
5
6
7
8
9
10
11
12

制作方法

1 无花果用手轻轻地一边揉搓一边清洗，洗去上面的毛。

2 切去发白部分的皮，将红色的皮留下。

point
发白的皮即使煮到最后也不会溶解，因此先把它们去掉，便可以做出很漂亮的果酱。

3 无花果放入小锅中，加入一半糖，开火，煮沸后转中火，一边煮一边撇除浮沫，煮10分钟。

4 将剩余的绵白糖放进去，不时地搅动，煮10～15分钟即可。

到了秋天，最想要做的果酱

无花果有着淡淡的甜味，我们可以尽情享受其独特的口感。连红色的薄皮一起熬制，可以做出鲜艳的红色果酱。无花果有着丰富的果胶，但是酸味非常少，还需要再加入一些柠檬汁。

淡淡的甜味与深厚的回味
无花果果酱

材料（方便制作的分量）

无花果………………500克（约6个）

绵白糖……………200克（无花果果肉与一部分皮的总重量的40%）

柠檬汁………………………………1大勺

point
将无花果皮中的颜色煮出来，便可以得到颜色鲜艳的果酱。因为它比较容易焦，因此煮的时候要格外注意。

黑无花果（加州黑）

是原产自法国的小粒品种。它有着浓厚的甜味与深重的紫色。是制作果干、果酱和果汁的优良品种。

季节……8月中旬～9月中旬

蓬莱柿

此品种无花果原产日本，有着淡淡的甜味和适口的酸味。果实很容易裂开，不容易保存，因此市场上销售时间很短。

季节……9～10月

玛斯义陶芬（紫陶芬）

该品种无花果的特点是味道甜，口感清爽。从美国引进，现在成为了主流的品种。果实红色的部分如果裂开，那么就是熟过头了。

季节……8～9月

品尝形态备异的无花果
糖水无花果

制作方法（方便制作的分量）

无花果	5个
白酒	3/4杯
水	1杯
绵白糖	150克
圆柠檬片	2片
柠檬汁	1大勺

无花果白色的汁
具有药用效果

削无花果的时候，会流出白色的乳液状的汁，它是被称为无花果蛋白酶的一种蛋白质分解酶。目前作为外用药来使用。

制作方法

1 用手轻轻揉搓清洗，并去掉毛，并将连着蒂的果皮去掉。

point
如果不介意皮的话，也可以一锅煮。

2 将削下来的无花果皮与白酒、水放入小锅中，开火，放入绵白糖，让其溶化，皮的颜色如果都渗透到水里了，就熄火，然后将其倒入筛子里。

3 将无花果的果肉、柠檬片、柠檬汁放入刚才的锅中，将过筛的果汁再次倒回到锅里，盖上锅盖并开中火，煮沸后转小火煮10分钟，关火后冷却即可。

制作方法

果肉的甘甜，皮的香气与色泽
发挥出每一粒葡萄的风味

葡萄圆圆的小粒中蓄积了丰富的果汁。做成果酱的话，由于葡萄里的果胶很少，因此做出来的果酱会比较稀。如果要煮出非常具有魅力的紫色，就需要带皮一起煮了。制作不同品种的葡萄果酱，可以让我们体验到不同的香气与颜色。

1 将葡萄连皮洗净后分为4等分，去除籽儿。

2 葡萄放入小锅中，开火，煮沸后转中火，一边撇除浮沫，一边不时地搅动，煮10～15分钟。

point
因为巨峰果粒大，果汁多，因此不加水直接煮。

3 煮至皮变软后，将一半绵白糖和柠檬汁放进去，再煮5分钟。

point
这样做的果酱比较稀，如果想要煮的稍微硬一点的话，可以增加绵白糖的量，并缩短煮的时间。

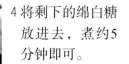

4 将剩下的绵白糖放进去，煮约5分钟即可。

葡萄

Grape

葡萄

美味的时期

学名……*Vitis spp*
分类……葡萄科葡萄属
原产地……高加索地区，美国
主要产地……各地广泛种植

1 —
2 —
3 —
4 —
5 —
6 —
7 —
8 —
9 —
10 —
11 —
12 —

将浓厚的味道储藏起来
巨峰葡萄果酱

材料（方便制作的分量）

巨峰葡萄（去梗和籽）……400克
绵白糖………………… 200克（葡萄的皮与果肉总量的50%）
柠檬汁…………………………1大勺

无籽儿葡萄

无籽儿葡萄近年来市场上很多，这些葡萄并不是从一开始就没有籽儿的，是栽培时，给每粒葡萄浸植物激素（赤霉素），进行两次这样麻烦的处理最终栽培出来的。

品味一下清爽的香气

麝香葡萄果酱

材料（方便制作的分量）

麝香葡萄（去梗去籽儿）……………400克
水……………………………………1/4杯
柠檬汁………………………………1大勺
绵白糖………………………………200克
（麝香葡萄皮与果肉总量的50%）

2 将葡萄放入小锅中，放入足量的水和柠檬汁，开火，煮沸后转中火，撇除浮沫，不时地搅拌，煮10分钟。

亚历山大麝香葡萄

　　被称作葡萄之王，是原产自埃及的高级葡萄。香味浓，有着纯正的甜味。同时也是各种各样葡萄的亲戚，有着出类拔萃的味道。

季节……9月下旬～10月上旬

新麝香葡萄

　　此品种比亚历山大葡萄小一圈。果肉有弹性，有着麝香葡萄特有的纯正的香气。它有着很浓的甜味，酸味很少。

季节……8月初～9月下旬

汤普森

　　是从智利等地进口的无籽儿葡萄。有着很好的酸味与清爽的甜味，和清新的口感。相对比较便宜。

季节……进口的6月～次年1月

制作方法

1 麝香葡萄清洗后切成两半，去除籽儿。

point

因为麝香葡萄的水分比较少，因此还需要加水煮。

3 皮变软后加入一半的绵白糖，煮10分钟。

point

这样做出的果酱比较稀，如果想要将果酱做的浓稠一点，可增加绵白糖的量，同时少煮一会儿。

4 将剩下的绵白糖加进去，煮5分钟后关火。

红麝香葡萄

有着隐约的酸味与浓重的甜味，稍稍有点麝香葡萄的香味。是制作果汁和国产葡萄酒时的代表性品种。

制作方法

1　将红麝香葡萄的梗去掉，清洗后放入小锅中，放入足量的水，用木质的小铲子将果实碾破，并用中火煮15～20分钟。

point

红麝香葡萄的皮厚，籽儿多，将皮和果实一起煮，并把果实弄破，将果汁、色素、果胶都一起煮出味道。

2　待果皮与果肉都变软后关火，放到筛子上碾压。称一下煮出来的汁的重量，并准备其重量50%的绵白糖。

3　将做法2倒回锅中，将一半量的绵白糖放进去，煮沸后改中火，撇除浮沫，不时地搅拌，煮15～20分钟。

4　将剩下的绵白糖和柠檬汁加进去，煮5分钟到有黏稠感即可。

🍇 吃葡萄能延年益寿？

如今，根据美国的调研表明，葡萄中涩的成分白藜芦醇，能够将长寿遗传基因活性化，具有延年益寿的功效。像是为了证明此言论一样，日本江户时代致力于葡萄的品种改良的专家永田德本高寿达118岁。

适合加工的品种

红麝香葡萄果酱

材料（方便制作的分量）

红麝香葡萄·····················400克

水···························1/2杯

绵白糖·························适量

柠檬汁·························1大勺

81

动手制作葡萄汁

黑葡萄果子露

材料（方便制作的分量）

葡萄（去梗和籽儿）·····················500克
水·····································1/2杯
绵白糖································100克
柠檬汁······························1大勺

巨峰
　　它被称为葡萄之王，是甜味与香味很浓的品种。皮是接近黑的紫色，果肉里含有丰富的果汁。
季节······8~9月

黑葡萄
　　果肉的质地与巨峰很像，是果汁丰富的品种。甜味很浓，同时会有很清爽的余味。
季节······8月中旬~9月下旬

红提子
　　肉质坚实而脆，细嫩多汁，硬度大，刀切而不流汁。香甜可口，风味独特。如果去籽儿，做成果酱的话，可以做出宝石般的红紫色果酱。
季节······9月下旬~10月下旬

美人指
　　美人指葡萄颜色亮、红，宛如染了红指甲的美女手指，极漂亮。果肉硬脆，可切片，味甜爽口，品质佳，耐储运。9月中下旬成熟，是优良晚熟葡萄新品种。

加入3~4倍的水或苏打水喝，或直接加冰或加入酸奶也可以。

point
如果有籽儿，就会有涩涩的味道，因此要去除干净。

制作方法

1 将葡萄清洗后切4等分，去籽儿。

2 将葡萄与适量水放入小锅，开火，煮沸后改小火，一边撇除浮沫，一边不时地搅动，煮约15分钟。

3 将绵白糖与柠檬汁放入锅中，用木铲子把果肉碾碎，煮约15分钟。

4 将干净纱布放在筛子上，将做法3倒入过筛，冷却后装瓶即可。

可冷藏保鲜2周时间。

制作方法

1 去掉梨的皮与核，切成4等分。

2 生姜去皮后切成丝。

3 将绵白糖与适量水放入小锅中，开火，等到绵白糖化了，就将梨放入，将姜丝撒进去，盖上锅盖，用小火煮10分钟，关火后冷却。

与生姜风味很好地结合的糖水

糖水生姜梨

材料（方便制作的分量）

梨·····················1个
生姜·················10克
绵白糖···············80克
水·····················2杯

装瓶后放入冰箱可以保存7～10天。

享受独特的口感

秋月梨果酱

梨

材料（方便制作的分量）

秋月梨（去除皮和核）······500克

绵白糖······200克

（梨果肉重量的40%）

果胶（粉末）······1袋（11克）

柠檬汁······2大勺

梨

美味的时节

学名：*Pyrus serotina*

分类：蔷薇科梨属

原产地：我国是发源地之一

主要产地：各地广泛种植

1
2
3
4
5
6
7
8
9
10
11
12

带着温和香味的多汁的果子花一点功夫便可制作成果酱

　　具有清脆的口感是梨的特点，同时也是它的魅力。果肉的大部分是水分，果胶和酸很少，因此很少做成果酱。如果使用一点小辅料，便可产生黏稠感，还需要把果肉切得很细，让纤维更容易出来。

制作方法

1 去除梨的皮与核，把梨切滚刀块，再切成5毫米厚的薄片。

point

秋月梨是从日本引进的品种，缺少能够制造出黏稠感的果胶，因此需要用一些市场上卖的果胶加以补充。因为果胶容易结块，因此要先把碗里的水分去除干净，再倒入果胶，和砂糖搅拌到一起。

2 将一半分量的绵白糖与果胶放进无水的碗中，用打泡器搅拌。

3 将梨片放入小锅，将剩余的绵白糖加进去，煮沸后改中火，一边煮一边撇除浮沫，煮10～15分钟。

4 继续搅拌，分次倒入做法2，慢慢溶化，加入柠檬汁，不时地搅拌，煮10～15分钟。

point

因为梨水分多，所以需要充分地熬制，让水分蒸发掉。

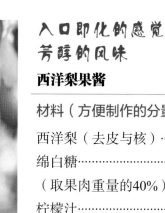

入口即化的感觉
芳醇的风味

西洋梨果酱

西洋梨

Pear

西洋梨

材料（方便制作的分量）

西洋梨（去皮与核）·······500克

绵白糖···················200克

（取果肉重量的40%）

柠檬汁·····················1大勺

point

梨的香味独特，在当季可享受到
最浓郁的香味。因为西洋梨果肉
十分柔软，加热时，可以切成自
己喜欢的大小来制作。

主要产地：北方地区
原产地：欧洲
分类：蔷薇科梨属
学名：*Pyrus communis*
美味的时节

1
2
3
4
5
6
7
8
9
10
11
12

制作方法

1 将梨纵向切成4等
分，去核去皮后，
切成3毫米厚的
薄片。

2 将梨放入小锅中，
加入绵白糖与柠檬
汁搅拌，开火。

3 煮沸后转中火，撇
除浮沫，煮约15
分钟。

4 用木铲子碾碎果
肉，直到煮出黏稠
感为止，煮10～15
分钟。

即使煮过
依然有柔滑的触感

　　芳香的气味，黏稠的口感是西洋梨的
魅力所在。制作糖水梨，能够充分发挥它
的风味与口感。制作果酱时，为了保留其
香味，要注意，不能煮过度了。

库尔勒香梨
　　皮薄、质脆，果肉白色，
肉质细嫩，多汁味甜，香味浓
郁，成熟期9月中下旬。

制作方法

1 将梨清洗后切4等分，去皮去核。

2 将绵白糖与水、红酒放入锅中，开火，等到绵白糖化了，关火，将梨放进去。

3 加入柠檬片、肉桂、丁香，加盖，用中火煮，煮沸后转小火，煮15～20分钟后关火，冷却。

鸭梨

它的特征果实大而美，肉质细脆多汁，香味绵长，脆而不腻，素有"天生甘露"之称。

季节……9月下旬～10月上旬

香味的调和非常到位

鸭梨红酒煮

材料（方便制作的分量）

鸭梨	2个
绵白糖	100克
水、红酒	各1杯
柠檬片	2枚
肉桂	1根
丁香	4粒

point
使用其他品种的梨也好吃。因为熟透的梨容易煮烂，要使用稍微硬一点的梨。

使用桂花陈酒——金桂泡的白酒

桂花糖水酥梨

材料（方便制作的分量）

酥梨⋯⋯⋯⋯⋯⋯⋯⋯⋯⋯⋯⋯⋯2个

柠檬汁⋯⋯⋯⋯⋯⋯⋯⋯⋯⋯⋯⋯1大勺

绵白糖⋯⋯⋯⋯⋯⋯⋯⋯⋯⋯⋯⋯5克

桂花陈酒、水⋯⋯⋯⋯⋯⋯⋯各3/4杯

华尼拉豆（马达加斯加香草）⋯⋯⋯1厘米

酥梨

酥梨有表面光洁、
个大丰满，多汁酥脆，
营养丰富等几大特点，
以安徽砀山产的酥梨最
为正宗味美。

南国梨

南国梨最大的特点是
成熟后变得绵软、果肉细
腻、爽口多汁、风味香
浓。南果梨属秋子梨，故
其采摘期在每年的九月
初，需放置几天，变软后
吃风味最佳。

制作方法

1 将梨切4等分，去核和皮，将柠檬汁涂在
上面。

2 将梨倒入小锅中，加桂花陈酒、水，开
火，将华尼拉豆切成两半，取出籽儿后放
进去。

3 加入绵白糖，煮沸后转小火，覆上烤盘上
铺的纸当做小盖子，煮15～20分钟，关火
后冷却。

制作方法

1 石榴去皮，把果粒扒出来，用纱布包上，然后用小木铲将果肉戳破，将果汁绞出来。

2 称一下果汁的重量，并准备其重量40%的绵白糖。

3 将果汁和绵白糖加入小锅中，开小火，一边搅拌一边煮，煮到水分减少至原来的2/3时关火。

果子露因其鲜艳的颜色也可以用在鸡尾酒中

颜色鲜红的石榴，一般作为鸡尾酒上色用。自家制作的果子露，可以加入碳酸饮料中，也可以加到自己喜欢的糖水水果里。

将一粒粒果实浓缩成鲜美的果露

石榴果子露

材料

石榴·······································500克
绵白糖·····································适量

可以轻松享用到此种红色果实的果酱

古代的医学书记载，石榴自古便作为美容与保健的良品被广泛知晓。酸甜味是它的特点。因为里面有很多籽儿，因此推荐将其制作成果汁或果子露。可以加入3～4倍的水或苏打水来喝，也可以直接加冰块或酸奶，都非常美味。

石榴

Pomegranate

石榴

美味的时节
学名········*Punica granatum*
分类·······石榴科石榴属
原产地·····伊朗
主要产地·····云南、四川

1
2
3
4
5
6
7
8
9
10
11
12

制作方法

1 先将枣彻底清洗，去掉蒂。

2 向小锅中加入绵白糖和足量的水，并开火，绵白糖化了以后，再放入枣和柠檬汁。

3 将烤盘上铺的纸当做小盖子盖上，用非常小的火煮10分钟，关火后冷却。

小小的果实，朴素的味道

糖水枣

材料

枣	200克
绵白糖	200克
水	1又1/4杯
柠檬汁	1大勺

装瓶后，放入冰箱可以保存7～10天。

point
有时候枣里会有虫子，可以先用40℃的热水泡，并浸泡数分钟。虫子出来后，再用流水清洗。

有着甜香味的简单的水果

作为药膳材料的营养价值极高的枣，经常可以在菜谱里看到，如枣泥月饼，八宝粥等。鲜枣经常被加工成干枣，生枣在9月份会上市，它有着甘甜清脆的味道。

枣

Jujube

枣

美味的时节

学名：*Zizyphus jujube var inermis*
分类：鼠李科枣属
原产地：东亚
主要产地：新疆、山东

1
2
3
4
5
6
7
8
9
10
11
12

将挑逗嗅觉的香气封存到瓶子里，准备过冬

虽然有着柔和的芳香，但是果实又硬又涩，不适合生吃。散发香气的精华，有着抑制炎症的效果。渐渐变凉的初秋，如果能做一些果酱或果子露的话，就可以在冬季享用了。

学名……*Chaenomeles sinensis quince*
原产地……日本
主要产地……日本长野县，山形县

制作方法

1 将日本木瓜清洗干净，拭干，纵方向切成两半，将籽儿和核用勺子挖去，放在一旁。

2 将其中一半的果肉切成4等分，去皮，再切成2～3毫米厚的片，然后泡在水里。将剩下的果肉带皮切成5毫米厚的小片。

3 将带皮的果肉、籽儿和核、皮放入小锅中，让水刚好能够浸没这些，开火，煮沸后转中火，煮约30分钟，将黏稠的煮汁倒入筛子里。

4 称一下汁的重量，准备其重量30%的绵白糖。

享受浓浓的香气

日本木瓜果酱

材料（方便制作的分量）

日本木瓜…………1～2个（约500克）
绵白糖……………………………适量

准备工作

因为日本木瓜的果实非常硬，切的时候要小心。如果过硬，就包上保鲜膜，然后放进微波炉加热1分钟，就变得容易切开了。

point

如果把全部的果肉都做成果酱，日本木瓜的涩味会出来，因此果肉的量要控制在一半以下。或将果实全部煮出来，然后做成没有果肉的果酱也可以。喉咙痛的时候，放入热水中冲服，可以缓解。

5 将煮汁倒回锅里，加入做法2去皮的果肉、绵白糖，开火，煮沸后转中火，一边搅拌一边煮15分钟，直到煮出黏稠感即可。

制作方法

让我们柚取出有益喉咙的精华成分

蜂蜜花梨果子露

材料（方便制作的分量）

花梨⋯⋯⋯⋯⋯⋯⋯⋯⋯⋯⋯⋯ 1个
蜂蜜⋯⋯⋯⋯⋯⋯⋯⋯⋯⋯⋯⋯ 适量

可以放到凉水或热水里喝，也可以涂在面包上吃。

1 将日本木瓜清洗干净，拭干，纵向切成4等分，去除籽儿和核。果肉带着皮切成2~3毫米厚的片，籽儿放入茶包里。

2 将茶包放进瓶中，上面放上果肉，倒入蜂蜜，到能够浸没果肉为止，然后盖上盖子。腌两星期左右，偶尔打开下盖子，让里面的气体出来，然后马上盖上盖子，将瓶子倒置，放在阴凉处1~2个月。

3 待精华充分流出，蜂蜜变成果子露状后，放到筛子上，将果肉和茶包取出，将果子露倒入到其他的瓶子里，放进冰箱保存。

point
如果日本木瓜没有浸在蜂蜜里的话，会出现变色、腐烂，因此要不时地上下倒置。做好的日本木瓜果子露，可放到冰箱里保存。

制作方法

可爱的栗子，
秋天的超人气食物

　　因其松软的口感与香甜的口味，深受人们的喜爱。即使剥壳需要花些功夫，也阻挡不了大家对它的青睐。壳上有毛茸茸的刺和光泽，沉甸甸的栗子是好栗子。虽然有壳的保护，但是在常温下，会有干枯、生虫的危险，因此，可放到塑料袋中进冰箱保存。

1 锅中放入足量的水，煮沸后熄火，把栗子放进去，水晾至温热时将栗子拿出，剥去外面的硬壳，保留里面的软皮，泡在水中。

2 再放入锅中，倒水到刚好能够浸没栗子的程度，加一小勺小苏打，开火，进行搅拌，沸腾后转小火，煮20分钟，熄火。

3 过筛，滤去水分，用流水轻轻地洗栗子。煮后将水分倒出，可以去除内皮的涩味。

4 将做法2和3重复进行。

point
有内皮的叫涉皮煮，
无内皮的叫甘露煮。

5 用竹扦挑去栗子的一根筋一样的线，用手指轻轻地剥去软皮外的绵状物质，然后泡在水中。

口味柔和的佳品
栗子涉皮煮

材料（方便制作的分量）

栗子	500克
绵白糖	适量
小苏打	适量

6 沥去水分，称一下重量，准备其重量40%的绵白糖。

7 再次将栗子和刚好能将其浸没的水倒入锅中，开火，马上要沸腾时加入1/3绵白糖，溶化后再将剩下的绵白糖分两次放入。用非常小的火煮1个小时，一边煮一边撇除浮沫，关火后冷却。

8 再次过筛，将煮汁倒回到锅中，开大火煮，汁煮到原来2/3的时候将栗子倒回到锅中，沸腾之前熄火，趁热装瓶。

栗子内层的软皮中含有单宁酸，有助于降低胆固醇和预防糖尿病。将其留下，来提高营养、口感和香味吧。

● 栗子

栗子营养丰富，维生素C含量比西红柿高，更是苹果的十几倍。栗子中的矿物质也很全面，含钾、锌、铁等。虽然含量没有榛子高，但仍比苹果等普通水果高得多，尤其是钾含量比苹果高出3倍。

制作方法

1 在锅中放入足量的热水，煮沸后关火。放入栗子，等水变温后取出栗子，去掉硬壳和内层的软皮，放入水中浸泡。

2 将明矾放入碗中加水溶化，将沥去水的栗子放入并腌制1～2个小时。

point
明矾可以去除栗子的涩味。另外，它可以将果实包裹起来，使果子不容易煮烂。

3 再次沥水，放入锅中，加入清水，栗子放入锅中，将捣碎的栀子果实放入，开小火。煮沸后继续煮10分钟，关火后冷却，散热后放到筛子上。

4 另取锅，放入2杯水，开火并将绵白糖放进去，溶化后改小火，加入做法3，盖上盖子，煮15～20分钟，关火后冷却。

中餐里经常使用的食材

栗子甘露煮

材料（方便制作的分量）

栗子	15个
食用明矾	少许
水	2杯
栀子果（是一味中药）	1个
绵白糖	100克

point
放入栀子果实主要是为了上色，如果煮的时间过长，容易煮出苦味，因此要把握好时间。

浓浓的美味搭配咸饼干便可以成为极其出众的西式点心

蜂蜜栗子酱

材料（方便制作的分量）

栗子	250克
水	1/4杯
绵白糖	50克
蜂蜜	30克
香子兰豆末（又名香草豆，去籽儿）	1/8根
黄油（无盐）	10克
朗姆酒	1小勺

制作方法

1 将栗子洗净，放入锅内，倒入足量的水，煮40~50分钟。

2 栗子放到筛子上，滤掉水分，将栗子切成两半，用勺子将果肉挖出。放入碗中，趁热将其碾碎。

3 将栗子蓉放入小锅中，加入水、绵白糖、蜂蜜、香子兰豆，搅拌均匀，开中火。

4 边搅拌边倒入黄油和朗姆酒，融化后关火。

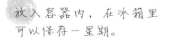

放入容器内，在冰箱里可以保存一星期。

油栗

　　油栗个头比普通的板栗要小，壳呈黑褐色，有油质泽。其肉厚味甜，营养丰富，含有极高的糖、脂肪、蛋白质，还含有钙、磷、铁、钾等矿物质，以及维生素C、维生素B$_1$、维生素B$_2$等，有强身健体的作用。

加入蛋黄后颜色变得十分鲜亮保质期短，因此需格外注意

黄油栗子

材料（方便制作的分量）

栗子		250克
A	绵白糖	75克
	煮熟蛋黄	1个
	黄油（无盐）	30克
	白兰地	1小勺

制作方法

1 将栗子洗干净，放入锅中，加入足量的水，煮40~50分钟。

2 将栗子放到筛子上，滤掉水分，将栗子切成两半，用勺子将栗子肉挖出，放入碗中，趁它还热的时候，用叉子将其弄碎。

3 将栗子蓉放入小锅中，将绵白糖、蛋黄、黄油放进去，搅拌均匀，开中火，加入白兰地，关火。

放入容器内，在冰箱里可以保存5天。

制作方法

1 将熟软的柿子去皮，如果有籽儿就去籽儿，然后切成大块。

2 将柿子块放入搅拌机里，打成糊状。

3 将柿子糊倒入小锅中，加入一半的绵白糖，用小火煮5分钟。

4 将剩下的绵白糖放进去，再煮5分钟，加入柠檬汁后关火。

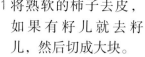

让人怀念的味道

柿子酱

材料（方便制作的分量）

柿子（去皮）··············· 300克

绵白糖···························· 150克

（柿子果肉重量的50%）

柠檬汁····························· 1大勺

point
如果煮过头了，会出涩味，因此要把握好时间。

很好的甜度与风味 | 是柔和风味果酱的代表

　　柿子是秋天所不可缺少的景致。现在市场上有很多种类。有着美滋滋的甜度与风味的柿子，即使做成果酱也不会变，其丰富的纤维十分容易产生黏稠感。

柿子

Persimmon

柿

学名······*Diospyros kaki*

分类······柿科柿属

原产地······中国

主要产地······广西

美味的时节

1
2
3
4
5
6
7
8
9
10
11
12

🍅 **柿子的小知识**

　　柿子不可空腹吃，否则容易得结石。不能吃皮，吃完要漱口。柿子分酶（音懒）柿与烘柿两种，前者是处理过的，入口硬脆清甜，后者绵软香甜，各有千秋，本页的果酱用的是烘柿。

鸡心黄柿子

　　属晚熟类品种，属于耐储藏品种，色泽红艳，到9月中下旬上市，因其果实色红似炎，果面光泽如水晶而得名，晶莹光亮，皮薄无核，肉丰蜜甜，深受赞誉。

火晶柿

　　是南方最常见的品种，个头小，通红透亮，入口稀软，甜度高。

磨盘柿

　　是北方最常见的品种，个头大，皮厚，因形似磨盘而得名。

制作方法

1 将柿子去皮，去籽儿，然后切成8等份。

2 将绵白糖和足量的水倒入小锅中，开火，等到绵白糖溶化并且煮沸后关火，将柿子块放入锅中，盖上盖子。

甜甜的煮柿子
很适合当下午茶

糖水柿子

材料（方便制作的分量）

柿子……………………………2个
绵白糖…………………………80克
水………………………………2杯
白朗姆酒或白兰地（根据个人喜好）
………………………………1小勺

3 开中火，沸腾前转小火，用非常小的火煮10分钟，将白朗姆酒加进去，关火后冷却。

装瓶后，放在冰箱里可以保存4~5个月。

制作方法

1 将红玉苹果清洗干净，切成8等份，去皮去核，切成5毫米厚的小块放入碗中，将绵白糖和柠檬汁涂在苹果上，静置一个小时。

2 将果皮与核还有足量的水放入小锅中，用小火煮，直至煮出粉红色为止，关火后将其倒入筛子里。

3 将苹果块放入②的小锅中，倒入②的煮汁，开火，煮沸后转中火，一边撇除浮沫，一边不时地搅拌，煮10～15分钟。

4 待水分变少，有黏稠感后关火。

不可不试的入门级果酱
很容易做成功的口味

苹果含有丰富的酸和果胶，是非常适合做果酱的水果。特别推荐酸味浓的品种，加上皮制作，从有通透感的黄色到娇艳的红色，都可以做成。

拥有美丽颜色与独特风味的红玉

红玉苹果酱

材料（方便制做的分量）

红玉苹果（去皮与核）	400克
绵白糖	160克
（红玉果肉重量的40%）	
柠檬汁	1大勺
水	2杯

红玉很好认出来，整个苹果颜色红艳艳的，有小白点，但无红富士那种丝缕红或片红。没有也可选择其他酸味重、肉质脆、有气味的品种。

根据个人喜好，加入肉桂粉也会很美味。将红玉果酱放入派的材料中，很快就能制作出来美味的苹果派。

红玉

红玉具有很强的酸味与好闻的香气。因为不容易煮烂，因此非常适合加热烹制。如果把皮也一起煮，可以煮出很漂亮的红色煮汁。
季节……9月下旬到10月下旬

Apple
苹果

学名……*Malus pumlia*	
分类……蔷薇科苹果属	
原产地……高加索北部地区	
主要产地……山东，山西	
美味的时节	1 2 3 4 5 6 7 8 9 10 11 12

青苹果

　　青苹果不是指秋天还未完全成熟就采摘的苹果，而是一个品种，口感很脆，这种苹果即使加热，依然可以保留它的酸味和香气。

季节……8月下旬~9月上旬

青苹果果酱

材料（方便制作的分量）

苹果（去皮与核）…………………………………	500克
绵白糖…………………………………………	200克
（苹果果肉重量的40%）	
柠檬汁…………………………………………	1大勺

制作方法

1 将苹果清洗干净，切成8等份，去皮和核，切成5毫米厚的小块后放入碗中，涂上一半分量的绵白糖和柠檬汁，静置20~30分钟。

point

苹果涂上糖，水分会出来，因此可以减少煮的时间。

2 将腌好的苹果放入小锅中，开火，煮沸后改中火，一边撇除浮沫，一边搅拌，煮10~15分钟。

3 将剩下的绵白糖放进去，待水分变少，有黏性后关火。

苹果也是
制作果胶的原料

　　果胶是制作果酱必不可少的。现在可以买到现成的，但在过去，大家都是使用含有丰富果胶的苹果心来制作果酱的。现在市场上卖的果胶，很多是磨碎的苹果心或苹果皮。

一年四季都能吃到苹果的原因是什么？

我们常年能够吃到美味的苹果，正是因为使用了CA这种储藏方法，它能长期保存，同时品质和味道不会发生变化。所谓CA是Controlled Atmosphere 的首字母。采摘后，为了抑制果实的呼吸，调节空气中的氧气、二氧化碳和氮气，以达到保鲜的目的。此技术在苹果保鲜方面被广泛应用。

用微波炉就可以轻松制作的糖水水果

速成糖水苹果

材料（容易制作的分量）

苹果·······················1个
绵白糖····················30克
柠檬汁、白酒··········各1大勺
迷迭香（干的，或新鲜的）
······························1/2勺

制作方法

1 将苹果清洗干净，切成12等份，去除核，皮隔一段削一段。

2 将苹果块放入耐热碗中，将绵白糖、柠檬汁、白酒、迷迭香都放进去后搅拌，拌匀后苹果平放，上面紧覆上保鲜膜，在耐热的碗上面再盖上一层保鲜膜。

3 放进微波炉里加热4分钟，然后冷却。

point

苹果本身水分不多，又直接放进微波炉加热，因此为了防止水分蒸发，加了两层保鲜膜。如果感觉苹果没有熟透，可以再加热一会儿。

如果觉得不甜，可以加一些蜂蜜。

焦糖苹果

材料（方便制作的分量）

红富士苹果（去皮和核）·········400克
柠檬汁································1大勺
绵白糖······························80克
水··································1大勺
绵白糖······························20克
黄油（无盐）·······················10克
朗姆酒······························1小勺

热乎乎的出锅，淋到冰
淇淋上十分的美味。

剩下的皮可以泡澡用

做果酱剩下的苹果皮，晒干后
放入茶包中，可以当简单的沐浴剂来
使用。放入浴盆，便闻得到清爽的香
气，有放松与保湿的效果。

※肌肤敏感的人请勿尝试。另外，如果感觉有
任何不适，请马上去医院。

红富士

酸甜适中，皮红肉黄，
口感清脆，是非常受欢迎的
品种，从日本引进，生吃或
加工都可以。
季节······9月下旬～10月中旬

制作方法

1 将苹果清洗干净，切8等
份，去皮和核，再切成
一口能吃进去的大小，
涂上柠檬汁。

2 将苹果和80克绵白糖、
水放入热锅里，不时地
转动锅，直到煮出焦糖
的颜色，盛出。

3 熄火，加入黄油，用余
热融化，放入苹果，开
火，小心飞溅出汁液。

4 水分出来后转小火，取
20克绵白糖加入，不时
搅拌，煮约10分钟。

5 加入朗姆酒煮1分钟后即可
关火。

放入容器里，在冰箱
里可以保存7～10天。

适合与果酱同食的点心
轻雪一样柔和的口感

烤薄饼

材料（准备6张的分量）

热香松饼粉·····························50克	
奶油干酪（常温的）·················15克	
鸡蛋···································1个	
牛奶··································4大勺	
绵白糖································1大勺	
色拉油······························适量	
生奶油、喜欢的果酱··············各适量	

（这里使用的是17页草莓果酱）

制作方法

1 将奶油干酪放入碗中，用打泡器搅拌，变成奶油状后加入蛋黄继续搅拌，加入少许牛奶后继续搅拌。然后加入热香松饼粉，搅拌到没有粉末状为止。

2 将蛋清放入其他碗中，用干净无油的搅拌器搅拌到有气泡为止，加入一半绵白糖，继续搅拌，拌匀后再放入另一半绵白糖，搅拌出蓬松状后，放入做法1，用小木铲搅拌。

3 将不粘锅加热，倒入一层色拉油，将做法2缓慢地倒入，使其呈圆形（如图），表面有些洞洞，然后加热至有点暗橙色就把它翻过来。

4 放入器皿中，浇上生奶油，再淋上果酱即可。

冬季的果酱

闲适而又认真地制作酸果酱的季节

在辞旧迎新之际，橘子、柚子、金橘等柑橘类水果正是食用的好时节。将香气十足并带有点苦味的皮切细，做成酸果酱。具有鲜艳黄色的橙子果酱，给餐桌增添了一抹温暖的气息。

寒冷的季节，还可以做豆酱，用小火慢慢煮出来的豆酱，温暖又好吃，同时可以给我们提供一个安静的时光。有客人来的时候，将亲手制作的果酱或点心呈上，度过一个美好的下午茶时光，是多么惬意的事。

冬季的美味日历
Winter calendar

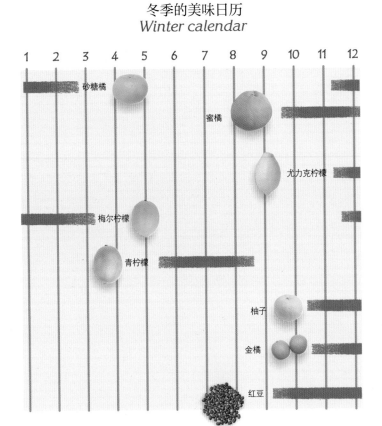

制作方法

有着明亮颜色的水果
连皮都可以使用的极好味道

　　水果少的冬天不可缺少的是柑橘类。同为柑橘类的柑橘和柚子，做成果酱后，味道也是有差别的。另外调整皮的多少，就可以调节苦味的分量达到自己喜欢的程度。

1 将橘子皮剥掉，去核，保留白色的橘络，切成小块。

2 放入搅拌机搅拌，简单地搅拌一下。

日本柑橘的美味
柑橘果酱

材料（方便制作的分量）

橘子（去皮的）…………	400克
绵白糖………………	160克
（柑橘皮与果肉总量的40%）	
柠檬汁…………………	2大勺

point
如果橘子的糖分很高，可以适当减少绵白糖的量。

3 将搅拌好的橘子与一半绵白糖放入小锅里，煮沸后改小火，一边煮一边撇除浮沫，煮10分钟。

4 将剩下的绵白糖加进去，煮5分钟，将柠檬汁加进去后关火。

砂糖橘

砂糖橘颜色鲜艳，甜蜜多汁，皮松易剥，肉质柔软，水分饱满甘甜，入口化渣。

季节……12~次年2月

丑橘（不知火）

丑橘是最近几年流行起来的品种，皮粗糙，蒂部有凸出来的圆顶，长相很丑，但味道非常甜美多汁，香气浓郁，价格较贵。

季节……11~次年5月

黄岩蜜桔

风味浓厚，鲜甜可口，水分饱满。皮很薄，去皮时要小心不要弄破橘瓣。

季节……10~11月

将可爱的小柑橘整个进行烹饪

糖水整橘

材料（方便制作的分量）

橘子	5个
绵白糖	180克
水	2又1/4杯
柠檬汁	1大勺

制作方法

1 将橘子皮剥掉，去除白色的橘络，用流水轻轻地冲洗，将白色的部分全部去除。

简单去橘络的方法

将橘子放到热水中泡3分钟左右，然后马上拿出来，放入凉水中。

装瓶后，放入冰箱可以保存7~10天。

2 将绵白糖和足量的水放入小锅中，开火，绵白糖溶化并且煮沸后关火。将橘子放入后加入柠檬汁。

point

如果橘子煮过头了，瓣膜会容易破损，因此务必用小火煮。

3 盖上盖子，煮5分钟后关火，然后冷却。

Lemon
柠檬

美味的时节
学名………Citrus limon
分类………芸香科柑橘属

1
2
3
4
5
6
7
8
9
10
11
12

制作方法

蜂蜜柠檬果酱

材料（方便制作的分量）

国产柠檬	300克
水	3杯
绵白糖	适量
蜂蜜	60克

point
要选择不使用农药和防腐剂的有机柠檬。

1 将少许盐涂在柠檬上，洗净后切成两半，挤出果汁备用。皮切成4等份，将外皮与内皮分开，外皮切成1.5毫米厚的条。内皮切成碎末，放入耐热碗中，盖上保鲜膜，放入微波炉加热2分钟。

2 将内外皮一起，倒入3杯水，开火。煮沸后转中火，煮5分钟后关火，放到筛子上滤去水分后用流水冲洗。将皮放到手掌里，用力将水分挤干净。

3 将挤出的果汁与做法2的总重量称一下，再准备总重量40%的绵白糖。

4 将果汁和内外皮都放入小锅中，放入一半的糖，开火。煮沸后转中火，一边煮一边撇除浮沫，煮20~25分钟。

5 将剩余的绵白糖和蜂蜜放进去，再煮5分钟，煮出黏稠感就关火。

尤力克柠檬

原产美国，现在我国四川、云南栽种较多，是目前国产柠檬的主力品种，果皮淡黄，较厚而粗。果汁多，香气浓，酸味重。

季节……11月中、下旬成熟

梅尔柠檬（又称红色柠檬）

它是柠檬与橙子的杂交品种。酸味很浓，略微有点甜味。皮比柠檬略红。

季节……12月~次年3月

青柠檬

是柠檬的一种，主要为榨汁用，有时也用做烹饪调料，但基本不用作鲜食。其中海南的青柠檬是柠檬中的精品，皮薄汁多，偏酸清香。

季节……6月~8月

凝乳或鲜奶油状的果酱，有着很黏稠的口感。因此也被称作"水果黄油"、"水果乳酪"。

虽然绵柔但后味清爽

柠檬凝乳

材料（方便制作的分量）

国产柠檬汁	100毫升
国产柠檬	1个
鸡蛋	2个
绵白糖	100克
黄油（无盐）	100克

制作方法

1 将少许盐擦到柠檬上，清洗干净，将柠檬皮用如图的工具摩擦下来备用，柠檬肉去籽儿，汁挤出来，汁里面可以有果肉碎粒。将黄油切薄片。

2 将鸡蛋放入碗中，加入绵白糖后搅拌。加入柠檬汁和皮屑，然后搅拌。

3 将做法2倒入小锅中，开小火，加入黄油，锅底用橡胶小铲不停地搅拌。

4 煮至呈现出有通透感的奶油状，就可以关火了。

放入容器中，在冰箱里可以保存一周。

制作方法

1. 将柚子切8等份，取皮，切小段。将果实放到一边。

point

此种水果的皮利用率非常高。如果担心皮不干净，可以用热水烫30秒，将表面污垢去除后浸泡在凉水里。

2. 将足量的水倒入碗中，将柚子皮轻轻揉搓清洗，沥去水分。这个过程进行3次，以去除苦味。

point

白色的薄皮和籽儿里含有很多果胶，因此，可以将其放入茶包中一起煮。

3. 果肉剥下白色的软皮，放进干净纱布中，挤出果汁，然后将软白皮和籽儿放入茶包。

4. 将柚子皮放入小锅，倒入刚好能浸没的水量，并把茶包放入后开火，煮15～20分种，直到皮变软为止。

5. 取出茶包，将绵白糖和挤出的果汁放进去，煮5～10分钟即可。

美味的季节

学名……… *Citus junos*
分类………芸香科芸香属
原产地………中国
主要产地………福建

1
2
3
4
5
6
7
8
9
10
11
12

浓浓的颜色
有着微微苦味的果酱

柚子酸果酱

材料（方便制作的分量）

柚子………………………250克（2个）

绵白糖…………………………60克

（柚子重量的40%的量）

制作方法

1 将柚子切成圆片，去籽儿。

2 将柚子和红糖交替放入瓶中，最上层放上红糖，然后盖上盖子。

3 红糖溶化需要2～3天，请放在阴凉处腌渍。

品尝浓厚的红糖风味

红糖柚子

材料（方便制作的分量）

柚子·······················1个

红糖（粉末）··········100～150克

红糖的香浓味，做成热饮也会很美味。

兑水或用作调味酱
都可清爽风味的醋

金橘醋

材料（容易制作的分量）

金橘·············350克

冰糖·············250克

醋·············1.5杯

制作方法

1 将金橘洗净，去蒂，拭干，用竹扦多刺几个洞。

2 将金橘、冰糖，按顺序放入瓶中，倒入醋，盖上盖子。

3 每天将瓶子上下摇晃一次，腌制2星期。

4 将果实取出，醋放到别的瓶中。

将取出的金橘重量的40%的砂糖加进去熬制，做成甘露煮也会很棒。

制作方法

Kumquat

金橘

学名……*Fortunella*
分类……芸香科金橘属
原产地……中国
主要产地……福建、广东、广西

1 将金橘洗干净，用竹扦去掉蒂。放入锅中，加入刚好能浸没金橘的水，煮沸后改中火，煮5分钟，关火，放到筛子上后散热。

2 将金橘切成两半，用竹扦去籽儿。将果实挤压，皮分离出来。将果肉粗略地切一下，皮可以细切。

3 将果肉和皮放入小锅中，加入一半绵白糖，并加入水，开火煮沸后转中火，煮约10分钟。

4 将剩下的绵白糖和柠檬汁加进去，再煮10～15分钟，煮出黏稠感后关火。

连着皮一起做成果酱非常美味

金橘酱

材料（方便制作的分量）

金橘（去蒂和籽儿的）……	400克
绵白糖……	160克
（金橘皮与总量的40%）	
水……	3/4杯
柠檬汁……	1大勺

●●金橘的历史

金橘原产我国，它是很少见的可以连皮同食的种类，果皮的营养超过了果肉。也可以在家里盆栽种植，十分有观赏价值和人气。

糖水水果的经典圆滚滚的一口大小的可爱小金橘

糖水金橘

材料（方便制作的分量）

金橘······	15个
绵白糖······	125克
白酒······	125毫升
水······	125毫升

point

金橘籽儿多，可以用竹扦
将金橘的籽儿取干净。

制作方法

1 将金橘清洗干净，用竹扦去蒂，将果实纵向划出6～8个口。

2 将竹扦插入切口中，去籽儿。

3 将绵白糖、白酒、足量的水放入小锅中，开火，等到绵白糖溶化并且煮沸后关火，加入金橘。

4 盖上盖子，开中火，马上要沸腾时转小火，用小火煮约10分钟，关火后冷却。

和黄油一起涂在吐司上便是中西式的绝妙组合

红豆沙

材料（方便制作的分量）

红豆·····················200克

绵白糖·················200克

（与红豆一样的重量）

盐·······························一撮

制作方法

1 将红豆放在足量的水中，浸泡1晚。

2 将红豆放到筛子上，滤掉水后放入锅中，加入刚好能浸没红豆的水，开火，煮沸后加入一杯水，煮5分钟。然后放到筛子上，轻轻地用流水清洗，以去除涩味。

3 将红豆倒回锅中，加入刚好能浸没红豆的水，开中火，煮沸后加一杯凉水，再煮10分钟。再次放到筛子上，轻轻地用流水清洗，以去除涩味。

4 将红豆再次倒入锅中，加入刚好能浸没红豆的水，开中火，煮沸后盖上盖子，将火调至刚好能让红豆涌动的程度，一边撇除浮沫，一边煮30分钟。

5 开盖，一边倒水（保证水超过红豆表面），一边撇除浮沫，煮30分钟，直到红豆能用手指捏碎，再加入绵白糖和盐，煮至水分变少后关火。

适合冬季，是传统的食材

自己做会非常有趣

虽然我们一年四季都能够买到干的红豆和花豆，但这类豆子其实也是有它自己的季节的。丰收的秋季，从结束干燥的晚秋到冬季是最适合吃小豆的季节。正因为是寒冷的季节，让我们慢慢地熬制吧。

豆类

Beans

美味的时节（红豆）

学名·········*Vigna angularis*

分类·········豆科豇豆属

原产地·····中国

主要产地·····广东、广西等地

	1
	2
	3
	4
	5
	6
	7
	8
	9
	10
	11
	12

制作方法

1 先将白芸豆用水清洗干净，加入足量的水泡一晚上。

2 将芸豆和足量水都倒入锅中，煮沸后加1杯水，再次煮沸后放到筛子上。

3 将芸豆倒回锅中，加入足量的水后开中火，煮沸后调小火力至豆子不涌动的状态，一边去浮沫，一边煮至豆子变软为止。

4 如果豆子用手能碾碎了，煮到水刚好浸没豆子的程度，倒掉大部分煮汁，将上白糖分两次加入，用小火煮10分钟，关火后冷却一晚上。

5 再次将做法4放在小火上，煮到水分变得很少，将其放在筛子上，滤掉煮汁。

6 将红豆放在网布上晾一个小时，表面干了，就涂上绵白糖。

休闲点心的经典
动手制作出的美味

白芸豆的甜纳豆

材料（方便制作的分量）

白芸豆······300克
上白糖······300克
绵白糖······适量

上白糖是来自于日本的产品，颜色为自然结晶所呈现的白色，未经去色处理，颗粒非常细致，有一定湿度。

白芸豆

有白色与红色等颜色，是一种多彩的豆子。除了做白色的馅料、煮粥以外，国外也会把它放入汤中一起煮。

花芸豆

和白芸豆营养成分差不多，是一种难得的高钾、高镁、低钠豆种，尤其适合心脏病、动脉硬化、高血脂等患者食用。具有温中下气、利肠胃、止呃逆、益肾补元等功用。

用其他的豆子做也会很美味

果酱沙拉

取2大勺喜欢的果酱，加入2大勺醋，再加盐、胡椒各适量，搅拌。将2大勺橄榄油慢慢加入并搅拌，自家的果酱沙拉酱就做成了。平时加入到沙拉里，会非常美味。

推荐用如下果酱

青苹果果酱……111页
番茄酱……171页
胡萝卜酱……173页

Tomato jam

果酱的新美味

果酱的灵活用法

将果酱涂在面包上、放入酸奶中都是很美味的吃法。但是，请不要忘记，果酱还是含有水果复杂味道和拥有出众风味的调味料。无论何时在料理中加一点，就可以创造新的美味。

搭配红茶

代替砂糖在热乎乎的红茶中放入一勺。不只是增加了甜味，还有果香，可以让人心情安闲。

推荐用如下果酱

草莓酱……17页
酸果酱……27页、35页、129页
红玉果酱……109页

Slice orange mammalade

让咖喱味变得更复杂

咖喱的美味之处在于它的辣味、苦味、酸味等，非常复杂。这里补充进果酱的甜味，和水果的香味，让其味道更加浓厚、丰满。

推荐用如下果酱

芒果酸辣酱……67页
青苹果果酱……111页
洋葱酱……179页

Mango chutney

Fig jam

做三明治的调味酱

将甜甜的果酱涂在咸火腿或生火腿上，再夹进面包中，做成火腿三明治，味道也十分出众。可以和芝麻菜等蔬菜一起做成三明治。

推荐用如下果酱

蓝莓酱……57页
无花果果酱……73页

肉类菜肴的调味汁

在炒鸡肉或猪肉的锅中，加入果酱与白葡萄酒，一边加热，一边混合成调味汁，果酱的香气与酸味，会让肉菜的后味特别清爽。

推荐用如下果酱

菠萝果酱……151页　宣木瓜果酱……153页
洋葱酱……179页

Ginger jam

放入黄油或奶油中

黄油和奶酪常常与果酱一起被涂在吐司上。恢复常温，和喜欢的果酱一起再次冷藏，就会得到新的味道。薄切后放到咸饼干上也会很美味。

推荐用如下果酱

酸果酱……27页、35页、129页
水果干酱……163页、164页

Dried fruit jam

四季皆宜的果酱

与很多食材关系良好的值得信赖的水果

甜味醇厚、令人快乐的水果。加热的话甜味会变得更强，味道会更加浓郁。与有酸味的水果，或牛奶糖、巧克力一同食用，味道就不会很单调了。

制作方法

1 将香蕉去皮和线状组织，切成2厘米厚的片，放入碗中，用叉子将果肉碾碎。

从孩子到大人都喜欢的味道
香蕉果酱

材料（方便制作的分量）	
香蕉（去皮）	200克
柠檬汁	1大勺
水	1/4杯
绵白糖	80克
（香蕉果肉重量的40%）	
白兰地	1小勺

point
如果使用蔗糖或红糖，会得到不同风味的果酱。

2 将香蕉糊放入小锅中，加入柠檬汁与足量的水，加热。煮沸后转小火，一边搅拌一边煮。有黏稠感后加入绵白糖。

point
因为非常容易焦，所以一定要注意。

3 继续一边搅拌一边煮，加入白兰地后关火。

4 搅拌一下，让白兰地充分融合。

143

制作方法

1 将香蕉去皮和线状组织，切成1.5厘米厚的片，浇上柠檬汁。

2 将绵白糖和水加入到厚底锅里，开中火，不时地转动锅，变成焦糖色后关火，并加入足量的水。

3 将香蕉加入到做法2中，不时地轻轻搅拌，煮5~10分钟。

4 将朗姆酒和肉桂粉加入，关火。

焦糖香蕉果酱

材料（方便制作的分量）

香蕉（去皮）	200克
柠檬汁	15大勺
绵白糖	100克
水	1大勺
水	2大勺
朗姆酒	1大勺
肉桂粉	少许

point

煮焦糖时易飞溅，所以要格外小心。制作焦糖的时候，先将筛子放到锅上，再加水，就不会飞溅了。

熟透的香蕉可以提高免疫力

研究表明：熟透并且表皮产生黑点的香蕉，又称"芝麻香蕉"，比黄色的有点硬的香蕉更有助于提高免疫力。香蕉本来就有提高免疫力的效果，越成熟，在增加负责免疫力的白血球的数量，和在增加具有增强免疫力的生理活性物质的数量方面，越有优势。

狝猴桃

Kiwi fruit

狝猴桃

美味的时节

学名……*Actinidia deliciosa*（绿色系品种）

分类……木天蓼科木天蓼属

原产地……中国

主要产地……陕西

1
2
3
4
5
6
7
8
9
10
11
12

制作方法

1 将狝猴桃去皮，切成5毫米见方的小丁。

2 放入小锅中，加入一半绵白糖后加热。

3 煮沸后转中火，一边煮一边撇除浮沫，煮15分钟。

4 将剩下的绵白糖、柠檬汁加进去，一边搅拌一边加热，煮5～10分钟即可。

point

比起熟透了可以生吃的狝猴桃，稍稍硬一点的，含有更丰富的果胶，更适合制作果酱。

用还硬硬的狝猴桃制作美味的果酱

狝猴桃果酱

材料（方便制作的分量）

狝猴桃（去皮的）	400克
绵白糖	160克
（狝猴桃果肉重量的40%）	
柠檬汁	1大勺

拥有健康的颜色与清爽的酸味
连籽儿都可以一同享用

狝猴桃绿色或黄色的果肉上，有着一粒粒黑色的籽儿。有着酸味和丰富的食物纤维，是很适合做果酱的水果。做果酱时，不要煮过头，保留鲜艳的颜色，果酱会做得很漂亮。

用微波炉轻松制作果酱

黄金猕猴桃果酱

材料（方便制作的分量）

黄金猕猴桃（去皮的）·········300克

绵白糖·····················90克

（猕猴桃果肉重量的30%）

柠檬汁·····················1大勺

此果酱是一次性吃完的果酱，用草莓或苹果也能制作。

国产猕猴桃

此种猕猴桃是市场上常见的，硬的时候很酸，放软了才能品尝到酸甜可口的味道，价格适中。

季节·····8~11月

黄金奇异果

酸味少，口感柔和，硬的时候就可以食用。因为甜味很浓，因此做成果酱的时候需要减少砂糖的使用量。

季节·····新西兰进口一般在2月份

point

放入微波炉加热时，经常会喷出外溢，因此将果肉放入大深碗中。

point

如果用手来剥皮，手很容易因为酶的作用发痒，因此最好戴橡胶手套。

制作方法

1 将黄金猕猴桃去皮，切成5毫米见方的丁。

2 放入大的耐热碗中，加入绵白糖和柠檬汁搅拌，静置10分钟。

3 放入微波炉加热3分钟，撇除浮沫后再次搅拌。

4 再次放入微波炉中加热5分钟，将整体搅拌后散热。

制作方法

1 将菠萝去皮去硬心，切成大块。

2 将菠萝放入搅拌机中，打成糊状。

3 加热，煮沸后改中火，煮约10分钟。

4 将剩下的绵白糖和柠檬汁加进去，煮10分钟，直到煮出黏稠感后关火。

后味清爽与其他果酱一起食用也很美味

菠萝果酱

材料（方便制作的分量）

菠萝（去皮和硬心）··········400克

绵白糖··············160克
（菠萝果肉重量的40%）

柠檬汁··············1大勺

菠萝

Pineapple

菠萝

美味的时节

学名·········*Ananas comosus*

分类·········菠萝科凤梨属

原产地·······巴西

主要产地······海南

1
2
3
4
5
6
7
8
9
10
11
12

清爽的热带水果
果酱正是利用其丰富的纤维

菠萝的特点是非常具有南国特色的甜味与香气，还有它浓郁的酸味。因为它果胶含量很少，纤维多，所以需要放入搅拌机，把硬的部分打碎。与西番莲（百香果）、芒果，或其他热带水果混合做成果酱会非常美味。

制作方法

1 将宣木瓜去皮去籽儿，切成5毫米厚的片。

3 将剩下的绵白糖和柠檬汁加进去，将果肉碾碎至自己喜欢的大小，煮10～15分钟。

4 将水分熬到很少，熬出黏稠感后关火。

做肉菜时添加一些作为调味料，会很美味。

有着浓浓的香气与甜味
制作菜肴的时候也可以使用

宣木瓜果酱

材料（方便制作的分量）

宣木瓜（去皮和籽儿的）	500克
绵白糖	250克（木瓜果肉重量的50%）
柠檬汁	1大勺

2 将宣木瓜和一半绵白糖放入小锅中加热，煮沸后转中火，一边撇除浮沫，一边不时地搅拌，煮10分钟。

一年都可以享用的，南国的香气

市场上直接食用的是番木瓜（通常称木瓜），此处是宣木瓜，酸味少，有着浓郁的香气。因为木瓜一年四季都有售，随时都能做成果酱来享用。

宣木瓜

Papaya
宣木瓜

学名	Carica papaya
分类	木瓜科木瓜树
原产地	热带美洲
主要产地	海南

美味的时节
1
2
3
4
5
6
7
8
9
10
11
12

153

制作方法

1 将椰奶放进锅中并加热，不时搅拌，直至椰奶变成原来分量的一半。

2 加入黄糖，一边搅拌一边继续熬制。

3 熬出黏性后关火。

浓厚的甜味与香气可以加到奶茶里

椰子牛奶果酱

材料（方便制作的分量）

椰奶⋯⋯⋯⋯⋯⋯⋯⋯400毫升

黄糖⋯⋯⋯⋯⋯⋯⋯⋯80克

将其浓郁的风味进一步浓缩

无论是罐装的液体椰奶，还是椰奶粉，都很容易买到。将罐打开煮一下，便可以轻松得到椰子酱。独特的香气与浓厚的口感，抿一口，南国的风味便在口中扩散开来。

何为椰奶？

是将椰子白色的椰蓉煮后搅碎的物质。和把吸管插进椰子中喝的椰汁是不同的。独特的风味与香味别树一帜，在泰餐中经常用到。

椰子

Coconuts

椰子

美味的时节	
学名⋯⋯	*Cocos nucifera*
分类⋯⋯	棕榈科王棕属
原产地⋯⋯	美拉尼西亚
主要产地⋯⋯	海南

1
2
3
4
5
6
7
8
9
10
11
12

增加香味的花生，作为涂抹用的酱汁后味浓郁

　　花生的魅力在于香香的风味与浓厚的口感。利用里面含有的丰富的油脂，可以做成涂抹用的果酱。用搅拌机磨碎时，稍稍留点颗粒会更美味。

Nuts

制作方法

1 将剥去外壳和薄皮的花生与绵白糖放入搅拌机里搅拌。

2 开始出油并且不转了的时候加入色拉油，继续搅拌。

3 加入盐与蜂蜜后继续搅拌。

4 整体混合好后拿出来。

品尝手工制作独有的香气

蜂蜜花生糊

材料（方便制作的分量）

生花生（带红皮没有加盐的）	100克
绵白糖	15克
色拉油	2大勺
盐	1小撮
蜂蜜	40克

point

可以根据个人口味调整绵白糖和蜂蜜的用量。

学名：*Arachis pogaea*
分类：豆科花生属
原产地：南美
主要产地：山东、辽宁、河北

美味的时节

1
2
3
4
5
6
7
8
9
10
11
12

核桃

核桃的特点是口感好并带有些许苦味。多加在蛋糕、饼干或烤制的点心上。

制作方法

1 将核桃仁平铺在烤盘上，将烤箱预热至160°，然后将烤盘放入烤箱中烤制8分钟。

point
烤制的核桃会更加美味。

核桃带来的清香的口味
核桃奶果酱

材料（方便制作的分量）

核桃	100克
绵白糖	100克
牛奶	200毫升
蜂蜜	30克

如果用带壳的核桃，需要有专门的工具来打开坚硬的外壳。如果没有的话，放到水里煮，壳自然就开了，里面的核桃仁也就可以轻易拿出来了。

2 取出散热后，放入搅拌机中搅拌成粉末状。

3 将核桃粉放入小锅中，加入绵白糖、牛奶和蜂蜜，煮沸后转小火，煮10分钟。

4 煮至有黏稠感后关火。

黑芝麻蜂蜜黄油

材料（方便制作的分量）

黑芝麻面·····················10克

蜂蜜·····················25克

黄油（无盐）·····················100克

制作方法

1 将从冰箱取出晾至室温的黄油放入碗中，用打泡器搅拌成奶油状。

2 加入蜂蜜后继续搅拌，加入黑芝麻面后继续搅拌均匀即可。

芝麻

芝麻在中式菜肴和日式料理中经常用到。黑芝麻的口感与香气浓郁，白芝麻的风味更加温和。

杏仁

口感香脆的杏仁经常用在西式点心中。除了粒状的，还有片状和粉末状的。

腰果

中餐中常常能看到腰果。

在阴凉处可以保存约一个月。

多种坚果的组合

蜂蜜坚果

材料（方便制作的分量）

杏仁	40克
核桃仁（切成4块）	40克
腰果	40克
蜂蜜	200克

核桃仁剥壳后可以放进奶油蛋糕、饼干或乳酪中，来增加风味。

制作方法

1 将坚果铺在烤盘上，放入预热至160℃的烤箱中烤制8分钟。

2 取出，趁热装瓶，注入蜂蜜后盖上盖子，在常温下放置3天以上。

不觉得是干水果
有酸甜的味道和鲜艳的颜色

杏干酱

材料（方便制作的分量）

杏干	200克
白葡萄酒	1/2杯
绵白糖	100克
水	1/2杯

制作方法

1 将杏干粗略地切成块，将白葡萄酒倒入浸泡一个晚上。

2 将泡好的杏和绵白糖放入锅中，放入足量的水并加热。

3 煮沸后转中火，用木铲子边搅拌边煮。

煮后其原本的风味会还原到令人惊奇的程度

把水果进行干燥，可保存很长时间。它们将味道进行浓缩，因此有着独特的风味。除了简单地将食材进行干燥以外，也可以加入砂糖，砂糖的分量可以根据做的东西的不同进行调节。

杏干

也叫干杏，含有丰富的矿物质、维生素、膳食纤维和铁。主要产地是美国、巴基斯坦和中国。

point
因为杏干容易焦，因此要注意调整火力的大小。

4 整体煮出黏稠感后关火。

享受水果干特有的风味

混合水果干酱

材料（方便制作的分量）

无花果干·····································200克

苹果干·······································100克

布朗干·······································100克

菠萝干·······································100克

葡萄干···50克

红酒············2杯（水果干总量的40%）

绵白糖·······································150克

柠檬汁···1大勺

有着热红酒或桑格利亚酒的味道的果
酱。适合与吐司或法国面包同食。

无花果干

无花果干口感好、味道甜。含有丰富的食物纤维，欧美从古代开始就将它视作改善便秘的良药。

制作方法

1 将葡萄干之外的水果干都切成1厘米见方的丁。

2 将切好的丁和葡萄干放入碗中，倒入红酒后搅拌，静置约1个小时。

3 将做法2放入小锅中，加入绵白糖后加热，煮沸后转中火，一边混合一边煮至水分变少，加入柠檬汁后搅拌，并关火。

惊奇于其松软的口感
加入乳酪

水果干的红茶煮

材料（方便制作的分量）

布朗干·····················100克
无花果干·····················60克
苹果干·····················60克
樱桃干·····················40克
红茶茶叶·····················1大勺
热水·····················2杯
绵白糖·····················60克
白兰地·····················1勺

制作方法

1 如果水果干表面有一层油，在热水里迅速地焯一下，将水分滤干。

2 将红茶放入锅中，注入足量的热水，煮3分钟，将绵白糖放入。

3 糖溶解后，将水果干加进去，煮30分钟，直到水果变软为止。

4 加入白兰地后倒入容器中，散热。

point

如果没有白兰地，可以用橘味利口酒或大马尼埃酒等利口酒来调它的香味。

葡萄干

从古代人们就开始制作葡萄干了。葡萄干因其味道和营养价值被大家所熟知。除了在点心上使用，制作菜肴时也会用到。

发挥朗姆的风味
丰富的味道

朗姆葡萄干黄油

材料（方便制作的分量）

葡萄干	50克
朗姆酒	适量
黄油（无盐）	100克

制作方法

1 将葡萄干放入开水中焯一下，把水分滤净后放入容器中，倒入朗姆酒，放入冰箱内浸泡一个晚上。

> point
> 葡萄干可以切成自己喜欢的大小。

2 将从冰箱取出晾至室温的黄油放入碗中，用打泡器搅拌成奶油状。

3 将滤净的葡萄干与黄油搅拌均匀。

浓厚的黄油
与清爽的水果干

杏黄油

材料（方便制作的分量）

杏干	50克
绵白糖	15克
水	50克
黄油（无盐）	100克
柠檬汁	1小勺

制作方法

1 将杏干简单切一下。

2 将绵白糖与足量的水放入锅中，煮沸后关火。将杏干放入并静置30分钟。

3 开小火加热，煮至水分只剩少许时，一边煮一边将果肉碾碎。倒入柠檬汁后关火，散热。

4 将从冰箱取出晾至室温的黄油放入碗中，用打泡器搅拌成奶油状后，将做法3放入后再搅拌。

制作方法

1 将混合好的低筋面粉、泡打粉用筛子筛到碗里。

2 另取一个碗，放入晾至室温的黄油，用打泡器搅拌，加入绵白糖，搅拌到发白为止。

3 将鸡蛋分3~4次加入到做法2中拌匀，牛奶和蜂蜜也同样一点点地加进去。

4 将做法1加入到做法3里，用木铲子搅动。

5 用勺子取做法4，放到松饼模型中，在中间加上果酱，放入预热至160℃的烤箱中烤制约20分钟。

适合与果酱同食的点心

可以根据自己的喜好加果酱并能够得到很漂亮的成果

果酱英国松饼

材料（松饼磨具	6个的）
低筋面粉	100克
泡打粉	2克
黄油（无盐）	70克
绵白糖	70克
鸡蛋（恢复常温的）	1个
牛奶（恢复常温的）	1个
蜂蜜	30克
喜欢的果酱	6大勺

check

这里使用的是
无花果果酱……73页
菠萝酱……151页

蔬菜酱

清爽的口味
只有蔬菜才有的味道

番茄酱

材料（方便制作的分量）

番茄（去除皮和蒂）·········300克

苹果（去除核）·············100克

绵白糖··········160克（番茄和
带皮的苹果果肉总量的40%）

柠檬汁···················1大勺

制作方法

1 将番茄放入热水中烫30秒，再放入冷水里，去除皮后切成大块。将苹果去核，带着皮一起切块。

2 将番茄和苹果放入搅拌机中搅拌。

3 放入小锅中，加入绵白糖后加热，煮沸后撇除浮沫，用中火煮15分钟。

4 加入柠檬汁，煮10～15分钟后关火。

鲜艳的颜色能够提升食欲
对健康非常有益的经典蔬菜

推荐做成果酱的品种是颜色鲜艳、香味浓郁的适合于加热的品种，或水果番茄。番茄本身酸与果胶并不多，为了补充这些，需要与其他水果混合做成果酱。

point

由于番茄水分多、果胶少，因此需要与果胶含量高的苹果进行组合。

普通圣女果

个头小，皮略厚，果实直径1～3厘米，鲜红碧透，味清甜，无核，口感好，营养价值高且风味独特，食用与观赏两全其美。

海南千禧

圣女果的一种，普通圣女果的味道和番茄一样，酸甜的；千禧的味道更甜，更好吃，价格比普通圣女果贵。

番茄

Tomato
番茄

美味的时节

学名：*Lycopersicon esculentum*

分类：茄科番茄属

原产地：中美洲、南美洲

主要产地：各地广泛种植

1
2
3
4
5
6
7
8
9
10
11
12

健康的橙色
可以活用在菜肴中

胡萝卜酱

材料(方便制作的分量)

胡萝卜（去皮的）	250克
苹果	250克
水	1/4杯
柠檬汁	1大勺
绵白糖	250克（胡萝卜与苹果果肉总量的50%的量）

制作方法

1 将胡萝卜去皮后切成小块。

2 与去皮的苹果块一起放入搅拌机里，加入水和柠檬汁后一起搅拌。

point
如果没有搅拌机，也可以直接擦成碎末。

3 将做法2放入小锅中，加入绵白糖后加热。煮沸后不时地搅拌，用中火煮10~15分钟。

4 加入少许水，煮至有黏稠感后关火。

在果酱里加入酱油、酒、生姜末，然后将猪肉放入腌制，再用来烧烤，就能烤出颜色鲜艳的猪肉。

与水果不同
胡萝卜有着很厚实的口感

胡萝卜直接吃也会有淡淡的甜味。将胡萝卜、苹果等能够生吃的食物与水果干进行组合，便能够得到很美味的果酱。涂在面包或放进蛋糕里会很美味。

point
因为胡萝卜果胶含量少，因此需要加苹果作为辅助。推荐使用酸味浓的苹果，例如红玉。

胡萝卜

Carrot
胡萝卜

学名······*Daucus carota*
分类······伞形科胡萝卜属
原产地······阿富汗
主要产地······各地广泛种植

美味的时节
1
2
3
4
5
6
7
8
9
10
11
12

在万圣节前夕制作
孩子们大爱的果酱

南瓜酱

材料（方便制作的分量）

南瓜（去皮与籽儿的）…………200克

蔗糖…………………………100克

牛奶……………………………1/4杯

黄油（无盐）…………………30克

肉桂粉…………………………少许

point

为了口感更好，加入了味道很好的蔗糖。黄油可以使用葡萄干黄油或杏黄油（167页）都很美味。

制作方法

1 将南瓜去籽儿和皮，然后切成小块。

2 放入耐热器皿中，盖上保鲜膜后放入微波炉，加热到用竹扦可以扎透为止，再放入搅拌机中进行搅拌（或蒸后再碾碎也可）。

3 将南瓜糊放入小锅中，放入蔗糖和牛奶，一边搅拌一边加热，煮沸后改小火，熬到出光泽并且变得黏糊糊为止。

4 将黄油和肉桂粉放进去，用小火煮5分钟，一边搅拌一边煮。

放入瓶中后，存到冰箱里，可以保存1个星期。

拥有淡淡甜味的南瓜
从古至今一直都有人气

松软口感与甜味是南瓜的魅力所在，也是甜点中经常使用的蔬菜。南瓜酱做好后，再制作南瓜派就很方便了。

板栗南瓜

青色，圆形，这种南瓜口感松软，甜味浓，非常适合在制作甜点时使用。

金瓜

个头小，圆形，颜色金黄至金红，颜色深的更甜更好吃，价格不贵，口感又甜又面，因此广受欢迎。

南瓜

Pumpkin

南瓜

学名：*Cucurbita maxima*	分类：葫芦科南瓜属	原产地：中美洲	主要产地：广泛种植	美味的时节

美味的时节
1
2
3
4
5
6
7
8
9
10
11
12

非常美味的红薯
有着淡淡的后味

红薯酱

材料（方便制作的分量）

红薯（去皮的）·················300克
栀子果实（中药店有售）·············1个
绵白糖·····················130克
蜂蜜·······················10克

制作方法

与菠萝酱混合也会很美味。

1 将红薯皮厚厚地削掉，切成2厘米厚的半月形片，浸入水中。

2 滤去水分放入锅中，加入足量的水，将栀子果实掰开后放入。煮沸后转中火，煮到红薯变软，汁变少。

3 将栀子果实取出，放入绵白糖，一边将红薯碾碎，一边让水分蒸发。

4 加入蜂蜜，变成糊状后关火。

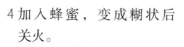

装瓶后放水箱里能保存1星期。

烹饪后口感黏稠
纤维丰富

能将它做成甜甜的红薯酱。因为纤维丰富，因此能做出口感黏稠的果酱。另外，根据不同的品种，做出的酱的颜色也会有差异，用栀子花的话可以做出有漂亮颜色的红薯酱。

红薯

Sweet potato

红薯

学名······Ipomoea batatas
分类······旋花科甘薯属
原产地······中美
主要产地······华北

美味的时节

1
2
3
4
5
6
7
8
9
10
11
12

红薯

皮红色，瓤为白色，口感面。

白薯

皮偏白色，瓤熟后是红色，口感甜。

紫薯

皮和瓤均为紫色，又甜又面，中式点心中经常用到。

制作方法

1 将洋葱切成小碎块，把生姜末放进去拌匀。

2 将色拉油放入锅中，加入洋葱后开小火，直到炒出茶色为止。

3 将绵白糖、白葡萄酒、水、醋也放入锅中，煮到水分变少为止，将盐、黑胡椒加进去调味。

加到以肉或鱼为馅的面包里会很美味。另外，烹制肉或鱼时当调料也十分搭调。

菜肴中不可或缺的味道
有着美好甜味的蔬菜

炒熟的洋葱会有让人意想不到的甜味。在印度料理中，洋葱会与水果酸辣酱一起，作为调味料来使用。

通过翻炒激活自然的甜味

洋葱酱

材料（方便制作的分量）

洋葱	1头
生姜	5克
色拉油	1小勺
绵白糖	20克（洋葱重量的10%）
白葡萄酒	1/4杯
水、醋	各2大勺
盐、黑胡椒粒	各少许

洋葱

Onion
洋葱

学名……*Allium cepa*
分类……百合科葱属
原产地……中亚
主要产地……各地广泛种植

美味的时节

1
2
3
4
5
6
7
8
9
10
11
12

生姜

能温暖到身体内部，是寒冷冬季的良方

生姜有暖身的作用。做成姜糖，中和了辣味，口感柔和，十分适合当零食吃。

Ginger
生姜

美味的时节

学名………………… *Zingiber officinale*
分类………………… 生姜科生姜属
原产地……………… 热带亚洲
主要产地…………… 各地广泛种植

辣乎乎的生姜风味与砂糖的柔和甜味形成绝妙的对比

生姜糖

材料（方便制作的分量）

生姜	100克
绵白糖	80克
水	1/4 杯

制作方法

1 将生姜沿着纤维切成2毫米厚的薄片。

2 放入锅中，加入刚好能浸没的水量并加热，煮沸后转中火，煮5分钟，直到变柔软为止，然后放到筛子上滤去水分。

3 再次将生姜放入锅中，加入绵白糖和1/4杯水，用中火煮。

4 煮出黏稠感后，到水分几乎干的时候关火，用木铲子搅动直到变白、结晶化为止。

5 放到托盘上，进行干燥。